LE
JEUNE INDUSTRIEL,

OU

VOYAGES INSTRUCTIFS

De Charles d'Hennery avec sa famille.

Par Ch. Delattre.

« Instruire en amusant. »

Paris,	Limoges.
Chez Martial Ardant frères,	Chez Martial Ardant frères,
rue Hautefeuille, 14.	rue des Taules.

1846.

Bibliothèque Religieuse, Morale, Littéraire,

POUR L'ENFANCE ET LA JEUNESSE ,

PUBLIÉE AVEC APPROBATION

DE MGR. L'ARCHEVÊQUE DE BORDEAUX,

DIRIGÉE

PAR M. L'ABBÉ ROUSIER ,

Directeur de l'œuvre des bons livres, aumônier du Collége
royal de Limoges.

LE JEUNE INDUSTRIEL.

Propriété des Éditeurs.

M. d'Hennery et son fils.

Camille de Montmahon.

Mon enfant , vous êtes , parmi mes élèves , un de ceux que l'application constante et les progrès les plus satisfaisans font distinguer. C'est pour récompenser votre zèle , tout en vous encourageant à persévérer , que je vous dédie ce livre. Imitez James Watt , Richard Arkwight , et les autres personnages célèbres dont vous y lirez la vie , dans l'inflexibilité de résolutions avec laquelle ils exécutaient leurs travaux. N'oubliez jamais qu'une volonté ferme arrive toujours au but qu'elle s'est proposée , quelque obstacle qu'elle ait à vaincre. Pour vous , que le but de toute votre vie soit d'être vertueux et utile à vos semblables.

CH. DELATTRE.

LE JEUNE INDUSTRIEL.

PROLOGUE.

VALENTIN

ou

Les chemins de Fer et les machines à Vapeur.

Lubeck, 6 mars 1835.

MON CHER PÈRE,

ENFIN me voici au terme de mon voyage ; j'ai achevé de visiter les Universités et les principales villes de l'Allemagne, j'espère pouvoir profiter, selon vos désirs, des connaissances que j'ai acquises en étudiant avec soin ce pays si justement rendu célèbre par ses savans, ses littérateurs et ses philosophes.

Mes lettres vous ont tenu au courant (autant que des écrits aussi peu étendus peuvent le faire), de mes impressions, de mes pensées et de mes travaux; dans peu de jours, je vous aurai pressé sur mon cœur, mon journal sera sous vos yeux, vous prendrez une connaissance bien plus exacte et des sensations que j'ai éprouvées, et des idées nouvelles qu'elles ont fait naître dans mon esprit.

Je songe actuellement avec bonheur aux journées délicieuses que je vais passer auprès de vous, mon bon père. Je me vois déjà avec ravissement entre ma mère et vous, entouré de mes frères, de ma sœur, causant de ce qui vous est arrivé pendant ma longue absence, racontant les principales circonstances de mon voyage, décrivant les beautés des sites, les richesses des musées, détaillant l'organisation de plusieurs établissemens d'utilité publique ignorés encore en France. Quelle me sera douce la vie de famille, à moi, privé depuis trois longues années de ses jouissances! à moi, entouré d'étrangers depuis nos derniers embrassemens; à moi, qui ne connais plus d'autres attentions, d'autres soins que ceux qui s'échangent contre de l'or! Tous mes vœux hâtent le moment de notre heureuse réunion.

Pour abréger les ennuis du retour, j'ai fait

retenir mon passage sur le nouveau paquebot à vapeur, de Hambourg au Hâvre, et si ce que l'on m'en raconte est exact, ma lettre ne me précédera que de quelques heures, car.....

Mais je ne puis continuer; on m'appelle en ce moment pour monter dans la voiture qui doit me conduire à Hambourg.

Adieu, mon bon père; adieu, ma mère bien-aimée.

Votre fils.

VALENTIN D'HENNERY.

Le 12 mars, c'est-à-dire six jours après que cette lettre fut écrite, on déjeûnait dans une charmante maison de l'avenue de Neuilly, lorsque le facteur fit retentir la cloche de la grille, et remit la missive qui annonçait l'arrivée prochaine du voyageur.

— Timbrée de Lubeck! dit monsieur d'Hennery auquel un domestique venait de la présenter. — Elle est de Valentin! s'écria avec vivacité madame d'Hennery; lis, oh! lis vite! Si elle pouvait nous apprendre que son retour sera prochain.... Ce pauvre enfant! —

Précisément, ma chère amie, Valentin doit être maintenant en France. — En France!.., mais ne te trompes-tu pas? Cette lettre vient du fond de l'Allemagne, sa date est trop récente pour que Valentin puisse la suivre de si près; car il ne vient pas, j'espère, à franc-étrier comme un courrier? — Non, quoiqu'il voyage beaucoup plus rapidement, parti vingt-quatre heures au moins après sa lettre, je crois qu'il... — Eh bien! achève. — Et toi, modère ta sensibilité de mère..... Je crois qu'il sera ici demain. Valentin! Valentin! nous allons voir Valentin! répètent à l'envi Charles, Henri et Louise d'Hennery; ah! quel bonheur! notre bon frère! — Mais, mon ami, reprend madame d'Hennery, explique-moi cette énigme? — Le mot en est bien simple : Valentin embarqué sur le paquebot à vapeur de Hambourg, a dû aborder au Hâvre cette nuit. — Sur le paquebot à vapeur, dis-tu ?...... — Eh, pourquoi venir par mer ?.... — Je ne sortirai d'inquiétude que lorsqu'il sera ici.... Pourquoi affronter tant de dangers ?...... Si la machine allait faire explosion? Et les vents, si violens et si dangereux dans ce moment !.... Oh mon Dieu! protége mon fils!

Madame d'Hennery, les yeux humides de larmes, priait mentalement pour son Valentin. La joie de la famille, suscitée par l'heureuse nouvelle, se dissipa subitement devant cette idée menaçante... la tempête... les dangers.... Personne n'osait rompre le silence. Tout-à-coup le bruit aigre de là grille, dont on ouvre les deux côtés, attire° l'attention générale, les yeux se portent vers la cour : une légère voiture de voyage, conduite par un postillon, s'arrête au bas du perron; un jeune homme en descend avec vivacité, se précipite dans la salle à manger, et retient dans ses bras madame d'Hennery qui s'évanouit. — Valentin! Mon frère! Mon fils! c'est toi !.... On s'empresse autour de l'heureuse mère que l'excès du bonheur a privée de ses sens; peu à peu elle se ranime, ses yeux s'entr'ouvrent; ils rencontrent les traits chéris du voyageur, on les voit étinceler de plaisir. Ce n'est donc pas un songe, dit madame d'Hennery : elle presse Valentin sur son sein et lui prodigue les plus douces caresses. Cette délicieuse et touchante scène se prolongea long-temps : Valentin passait des bras de sa mère dans ceux de son père, de ses frères, de sa jeune sœur.

Aussitôt que la première émotion fut calmée, madame d'Hennery voulut avoir des éclaircissemens sur l'évènement qui venait, en si peu d'instans, de la faire passer de la joie aux tourmens de l'inquiétude, et du chagrin au bonheur.

Madame d'Hennery. Mon Dieu ! Valentin ! quelle violente secousse ton apparition subite m'a causée.

Valentin. N'auriez-vous pas encore reçu ma lettre ?

Monsieur d'Hennery. On vient de me la remettre ; je la parcourais, et craignant de causer trop d'émotion à ta mère, j'essayais de la préparer à te revoir bientôt, demain peut-être ; mais je manquai totalement mon but, le mot de paquebot à vapeur, dont je me servis dans mon explication, l'effraya beaucoup.

Madame d'Hennery. L'idée de te savoir sur mer me rendait très-malheureuse, elle me faisait un mal horrible... Mais à peine l'eus-je conçue, que tu te présentes devant moi comme une apparition.... je n'ai pu supporter cette brusque transition de la peine au plaisir.

Louise d'Hennery. Aurais-tu rencontré, dans la mystique Allemagne, quelque *Faust,* qui t'ait initié à ses secrets magiques ? Le courrier t'annonce, et tu arrives aussitôt ?... Je ne sais trop si tu n'es pas entré sur un char traîné par des dragons enflammés, je crois même que tu répands une odeur de soufre ?

Valentin. C'est que l'industrie humaine réalise aujourd'hui les rêves de la féerie. Je suis venu de Hambourg au Hâvre avec une célérité incroyable.

Monsieur d'Hennery. Les journaux nous ont entretenus plusieurs fois de nouveaux paquebots à vapeur qui voyagent du Hâvre à Hambourg, mais ce qu'ils disaient de leur vîtesse me paraissent être plutôt être des phrases de prospectus qu'un récit exact.

Vrlentin. Leur récit était cependant au-dessous de la vérité. Parti de Lubeck le 6, à quatre heures du matin, je trouvai, en arrivant à Hambourg, le paquebot prêt à sortir du port. Le 7, au point du jour, nous avions atteint le Texel, et nous voguions sur la mer du Nord : le 10, à cinq heures du soir, nous jetions l'ancre dans le port du Hâvre ; et, après trois ans d'absence, je revis enfin la France. Peu fatigué de la traversée, je m'occupai immédiatement de la recherche d'une voiture de poste. A minuit, j'avais déjà couru plusieurs relais sur la route de Rouen ; enfin, je ne voulus m'arrêter qu'ici, au milieu de vous tous.

Monsieur d'Hennery. Ainsi, en six jours, d'une ville située à trente lieues de l'embouchure de l'Elbe, tu es venu à Paris

après avoir traversé une partie de la mer
du Nord et de la Manche. Vraiment il n'y
a plus aujourd'hui de distances ; si l'on
perfectionne l'art de la navigation par la vapeur, on pourra faire des voyages d'agré-
ment aux Indes et à Pékin, comme on en
faisait autrefois en Suisse et en Italie.

HENRI. Et les chemins de fer ? Quel plaisir ! Quand il y en aura d'une extrémité de
l'Europe à l'autre, on ira comme le vent,
sans craindre d'être incommodé par la poussière. Que cela doit être beau, un chemin
de fer ! Je voudrais bien en voir un ?

CHARLES. Mais on n'en fera plus ; n'as-tu
pas vu dernièrement la voiture de M. d'Asda,
qui passait devant notre maison ? c'était la
vapeur qui la faisait marcher, et elle rou-
lait sur la chaussée comme les autres.

MONSIEUR D'HENNERY. Cette invention est fort
belle, mais elle ne sera utile que pour parcourir des routes de peu de longueur, et
traversant des pays de plaines ; elle ne saurait nuire aux chemins de fer. D'ailleurs, sur
ces derniers, la vîtesse sera toujours incom-
parablement plus grande, parce que les roues
n'ont à vaincre qu'un faible frottement ; elles
ne sont pas retardées dans leur rotation par
les inégalités des chaussées ordinaires, incon-

vénient qu'éprouvent les voitures quelles qu'elles soient, en circulant sur nos routes. Un cheval attelé sur un chemin de fer, avance plus vîte qu'une voiture à vapeur sur un chemin pavé. Je le répète, l'invention des voitures à vapeur, destinées à servir nos routes, est très-ingénieuse; elle mérite d'être encouragée; elle rendra de grands services, surtout lorsqu'elle sera perfectionnée; mais ce serait une grave erreur que de croire qu'elle supplantera un jour les routes en fer.

CHARLES. Mais la vapeur sert donc à tout, aujourd'hui? Je n'entends parler que de machines, de bateaux, de voitures à la vapeur. Jusqu'au chocolat qu'on lui fait fabriquer, comme nous l'avons vu, dans une boutique de la rue St.-Honoré.

VALENTIN. Un philosophe allemand me disait à Berlin, que la vapeur renouvellerait la face du monde, changerait tous les rapports des peuples entre eux, détruirait les préjugés nationaux qui séparent les populations, qui rendent les races antipathiques les unes aux autres; enfin, qu'une nouvelle ère, qu'un ordre moral inconnu, allaient commencer.

MONSIEUR D'HENNERY. Ton philosophe pourrait bien ne pas avoir tort.

Madame d'Hennery. Mais comme la vapeur qui vous rend si enthousiasmes, et qui m'effraie tant, moi, n'empêche pas encore les voyageurs de se fatiguer, je conseille fort à notre cher Valentin d'aller prendre du repos, et de remettre à demain toutes ses narrations.

Charles. J'aurais bien désiré d'entendre cependant la description de ce fameux navire à vapeur qui traverse la mer du Nord et la Manche, aussi vîte que si elles n'étaient que de méprisables flaques d'eau.

Monsieur d'Hennery. Mes enfans, comme on ne doit jamais être étranger aux progrès et aux connaissances de son siècle, bientôt je vous ferai juger par vous-mêmes de la puissance de la vapeur et des merveilles qu'elle exécute. Pour aujourd'hui, nous laisserons notre voyageur prendre tout le repos dont il a besoin.

Valentin était revenu depuis huit jours; la famille, réunie dans le petit salon, avait plus d'une fois entendu ses récits intéressans; c'est ordinairement le soir qu'il lisait le journal de son voyage, lecture qu'il accompagnait d'explications, de descriptions, et que souvent un dessin, fait sur les lieux par lui-même, rendait plus intelligible. Ces soirées avaient un charme inexprimable : de temps à autre, une anecdote touchante venait se mêler au récit, alors on se rapprochait, les mains s'entrelaçaient, une larme, née de la douce émotion, se glissait entre les paupières de madame d'Hennery et de sa fille.

Dans une de ces réunions, ce fut monsieur d'Hennery qui prit la parole : Mes chers enfans, dit-il, je vous ai promis de vous faire connaître les services immenses que l'industrie reçoit de la vapeur, j'accomplirai sous peu ma promesse. Votre frère nous a prouvé combien les voyages sont utiles à l'instruction, quand on les emploie à observer attentivement ; ce sera donc par un voyage dans diverses parties de la France et en Angleterre, que je vous instruirai à fond des merveilles dont je vais vous entretenir aujourd'hui, afin que vous puissiez ensuite mieux les observer. Notre départ sera prochain, car je veux profiter des beaux jours de mai pour faire notre excursion.

Vous saurez donc mes enfans, que la puissance de la vapeur n'est bien connue que depuis cent cinquante ans environ, quoique quelques monumens et certains passages d'auteurs anciens donnent à penser que plusieurs peuples de l'antiquité ont eu des notions sur

la force de cet agent physique. Je me sou-
viens aussi d'avoir lu quelque part, que l'essai d'un bateau à vapeur avait été fait, il y
a plusieurs siècles, dans le port de Barcelone,
mais qu'il ne fut suivi d'aucun résultat. Dans
le dix-septième siècle, deux Français, Papin
et Caust, pensèrent à employer l'élasticité de
la vapeur comme moteur sur les machines.
On n'obtint alors qu'un demi-succès, parce
qu'on ne savait pas encore condenser la vapeur par le refroidissement pour faire le vide
dans les corps de pompe, et accélérer le
mouvement des pistons. Cette invention fut
trouvée en 1696 par un Anglais, le capitaine
Savary, qui la publia dans un ouvrage inti-
tulé *l'Ami du Mineur.* En 1705, un autre Anglais, Newcommen, la perfectionna beaucoup,
et sa machine fut adoptée sous le nom de
Machine atmosphérique. Cependant elle était
imparfaite, un ouvrier devait ouvrir et fermer
continuellement des robinets, et dans une
machine bien exécutée, il faut que toutes les
pièces se meuvent par elles-mêmes. James
Watt, constructeur d'instrumens de mathématiques, à Glascow, en Écosse, homme doué
d'un puissant génie, découvrit, en 1764, les
vices de la machine de Newcommen, y re-
média, et c'est à dater de ce moment que la
vapeur commença à remplir un rôle immense

dans l'industrie; qu'elle remplaça les chevaux, les chutes d'eau, les hommes, le vent, comme moyen de mouvoir les machines. Dès lors, on peut construire toutes ces mécaniques ingénieuses qui abrégent le travail, le rendent plus parfait, rendent encore le prix de fabrication si modéré, et permettent aux classes les plus pauvres de la société de se vêtir, à bon marché, d'étoffes autrefois fort chères, dont les riches seuls pouvaient faire usage.

Les succès que l'on obtint de l'emploi de la vapeur comme moteur dans les manufactures, inspirèrent l'idée de l'appliquer à la navigation, pour faire avancer les navires au moyen de roues à rames. On fit des essais sur de petits bâtimens, et aujourd'hui on voit des frégates, des navires de guerre, de transports et de commerce, sillonner les mers et les fleuves, bravant la tempête, le calme et les vents contraires. Puis vint l'ingénieuse conception des chemins de fer, dont les premiers essais se firent en Angleterre et en Amérique. La route de Liverpool à Manchester, en Angleterre, est un magnifique chemin de fer; pour l'exécuter, il a fallu percer des montagnes, rendre solides des portions immenses de route, à travers des fondrières et des marais fangeux, éviter des vallées profondes mais étroites, en unissant les collines qui les encaissent, au moyen de constructions à arcades semblables à ces immenses aqueducs que les Romains ont élevés sur plusieurs points de leur empire ; ces constructions se nomment *Viaducs*.

Dans la direction d'un chemin de fer, on cherche à suivre, autant que possible, la ligne droite, et à éviter les descentes et les montées ; de là, la nécessité de creuser des *tunnels* ou galeries à travers les montagnes d'une médiocre largeur, pour gagner la plaine du côté opposé, et d'élever des *viaducs* pour franchir les vallées. Cependant il arrive quelquefois qu'on ne peut éviter une montagne, alors il est nécessaire d'avoir recours à des moyens particuliers pour la franchir.

Un chemin de fer consiste en deux bandes de fer un peu plus larges que les roues des voitures qui doivent les parcourir. Deux de ces bandes occupent un côté de la route, deux autres le côté opposé ; les unes servent à l'aller, les autres au retour. Les bandes de fer sont scellées sur des fondations en pierre dure. Ces bandes sont ordinairement creusées en forme d'ornières, pour recevoir et contenir la roue, c'est ce que les Anglais nomment des *rails*, mot qui est passé dans notre langue ; ils appellent *railsway*, c'est-à-dire chemins à ornières, les routes en fer. On a essayé de construire des bandes de fer munies d'une saillie au centre, et entrant dans une rainure creusée dans la roue, mais ce procédé paraît inférieur à l'autre.

Nous avons en France, à Saint-Étienne, près de Lyon, un chemin de fer peu étendu, qui donne une idée exacte de ces constructions ; il possède un *tunnel* parfaitement exécuté.

Les voitures qui circulent sur les chemins de fer ne diffèrent en rien de celles que nous voyons sur nos routes ordinaires, seulement elles ne sont pas tirées par des chevaux. Ces voitures, presque toujours en grande quantité, sont attelées à un *remorqueur*, elles se traînent mutuellement. Le remorqueur consiste dans un chariot portant la machine qui fait mouvoir tout l'appareil. Un réservoir à eau, une chaudière à vaporiser et son fourneau, la pompe * qui met en mouvement les roues du remorqueur, sont supportés par le même

---

* La pompe à feu, ou machine à vapeur, est toujours construite d'après les mêmes plans, quelle que soit la destination qu'on lui donne. Nous en avons déjà écrit une description succincte dans une note sur l'intérieur des mines de houille, qui est annexée à la charmante historiette du *Paresseux*, de M. de Saintes. (Voir Tome Ier des Contes de la série de l'enfance.). Pour éviter des redites nous renvoyons à cette description.

train : derrière est un chariot chargé du charbon de terre du chauffeur qui entretient le feu, et du conducteur. Ces longues files de voitures, qui semblent se mouvoir d'elles-mêmes, ont un aspect très-pittoresque. Tantôt ce sont d'élégantes diligences, tantôt des voitures de transport pour les marchandises (on les nomme *Wagons*), tantôt de grandes cages contenant des bestiaux que l'on conduit au marché. Ici la caravane, précédée par sa machine, vomissant comme un volcan des torrens d'une fumée noire et épaisse, parcourt, avec la rapidité de l'éclair, un *viaduc*, et est suspendue à deux cents pieds au-dessus du voyageur qui traverse la vallée : plus loin, elle s'enfonce fantastiquement, semblable aux spectres d'une ballade allemande, dans l'obscure et vaste ouverture du *tunnel*. Rencontre-t-elle une montagne, le mécanisme du remorqueur s'arrête, son nuage noir s'éclaircit et disparaît, les chaînes de machines fixes, placées sur la pente et le sommet, saisissent et font monter rapidement tout le convoi ; parvenu sur la cime, le conducteur rend à la vapeur toute son action et l'on repart avec une nouvelle célérité.

CHARLES. Et nous serons témoins de toutes ces merveilles ?

Monsieur d'Hennery. Certainement, nous parcourrons même les chemins de fer que je viens de vous décrire.

Chares et Henri. Oh ! quel bonheur !

Madame d'Hennery. Pour avoir moins d'inquiétude, je vous accompagnerai, je tâcherai de trouver assez de courage pour braver cette vapeur dont je redoute tant les effets.

Monsieur d'Hennery. Ils sont peu à craindre aujourd'hui : la construction des *bouilleurs* (on appelle ainsi les chaudières) est bien perfectionnée ; on a soin de leur donner une résistance capable de supporter des pressions de beaucoup au-dessus de celles qu'elles pourraient éprouver par accident, puis elles sont munies de soupapes de sûreté.

Louise. En quoi consistent ces soupapes ?

Valentin. Comme je suis un peu physicien, je vous en dirai quelque chose. Figurez-vous une ouverture exactement fermée par une plaque métallique, assez forte pour résister à la pression ordinaire de la vapeur, mais qui s'ouvre aussitôt et laisse le passage libre, si la vapeur, devenue trop chaude par accident, presse avec une force plus grande, par ce moyen la vapeur s'échappe, et il n'y a pas d'explosion à craindre.

Madame d'Hennery. Voici qui me rassure un peu.

Monsieur d'Hennery. Dès demain nous commencerons notre vooyage , et les usines à vapeur de Paris recevront les premières notre visite.

En effet , la famille d'Hennery fit le lendemain sa première excursion scientifique. Elle vit , avec une attention scrupuleuse, la pompe à feu de Chaillot, qui puise de l'eau dans la Seine, et l'élève dans un immense réservoir, d'où elle se répand, par des tuyaux souterrains, dans les quartiers Saint-Honoré , de la Chaussée-d'Antin , du Palais-Royal , Saint-Denis et Saint-Martin ; le moulin à vapeur de Clichy, qui fait tourner sept paires de meules ; des moulins à tan , dans le quartier Saint-Marcel ; des filatures de coton , des scieries mécaniques , dans le faubourg Saint-Antoine.

Un de ces derniers établissemens piqua surtout la curiosité de M. d'Hennery et de ses fils. Le concierge avait opposé une consigne sévère à leurs instances pour être introduits ; vaincu cependant par leurs sollicitations , et un peu aussi par l'attrait d'une pièce d'or que M. d'Hennery lui glissa dans la main , il se détermina à se rendre auprès du propriétaire de la scierie , pour obtenir la permission de l'examiner. Le propriétaire voulut accompagner lui-même les étrangers. C'était un homme d'environ quarante ans, d'un maintien grave et sérieux ; son front large, plissé, annonçait l'habitude de la méditation, et décelait un esprit profondément sagace. M. d'Hennery fut frappé de la vue de cet homme ; il jugea de suite qu'il se trouvait en présence d'un personnage qui sortait de la ligne commune. Le bras droit lui manquait ; cette circonstance, et le ruban de la Légion-d'Honneur qui ornait sa boutonnière, auraient pu le faire prendre pour un ancien militaire. Il salua la famille avec aisance, et dit à M. d'Hennery : Je reçois très-peu de personnes dans mon établissement, Monsieur, parce que je crains les visiteurs importuns ; mais je viens d'apprendre que votre curiosité n'a d'autres motifs que l'instruction de vos fils, permettez-moi donc, si j'enfreins la loi que je me suis faite, de refuser l'entrée de mes ateliers, d'être moi-même votre guide.

C'était un admirable spectacle que l'intérieur de cette usine ; une machine à vapeur, de la force de 200 chevaux, mettait en mouvement une multitude de scies de toutes dimensions. Les unes débitaient en larges planches d'énormes troncs de chênes ; et d'autres transformaient en feuilles de parquet ces planches, qui allaient recevoir plus loin le poli ; puis d'ingénieux instrumens leur faisaient des rainures d'assemblage. Ailleurs, des scies d'une finesse incroyable transformaient en feuilles de placage des planches d'acajou, de bois d'ébène, de citronnier, et de divers arbres exotiques. Dans un autre endroit, les machines façonnaient des douves, des cercles, et produisaient des tonneaux, comme aurait pu le faire l'ouvrier le plus habile.

La quantité de bois, mise en œuvre en un moment, était extraordinaire, et cependant peu d'hommes travaillaient dans ces ateliers. On y voyait un chauffeur, un mécanicien pour inspecter la machine, huit ouvriers pour présenter le bois aux instrumens, et le retirer lorsqu'il était façonné : il eût fallu cent hommes pour produire dans une journée, ce que cette machine admirable produisait dans le même espace de temps. MM. d'Hennery éprouvaient une sensation extraordinaire en voyant une mécanique qui paraissait douée de l'intelligence, exécuter des travaux avec une régularité, un fini, que la main de l'homme ne saurait atteindre ; ils louaient la puissance du génie humain, qui sait concevoir et créer d'aussi étonnantes inventions. Charles, naturellement étourdi, s'approche de trop près d'une des scies ; le pan de sa redingote s'engagea dans une des dents de l'instrument ; il allait être enlevé et exposé à une mort cruelle. Le propriétaire, qui veillait sur ses hôtes, poussa un cri terrible de frayeur, le saisit par le bras, le retint de toutes ses forces ; le drap léger se déchira, et Charles en fut heureusement quitte pour la perte d'une partie de son vêtement.

A peine le danger fut-il passé, que le maître de la maison, qui venait de montrer tant de présence d'esprit, pâlit, chancela, et s'appuya pendant quelques instans contre un pilier. Ce ne fut qu'en le voyant dans cet état, que MM. d'Hennery s'aperçurent du danger que l'imprudent Charles avait couru.

Que je suis heureux ! dit le propriétaire de m'être fait un devoir si rigoureux d'accompagner les personnes qui veulent parcourir mes ateliers ; si je vous avais confiés aux soins d'un de mes ouvriers, un événement affreux aurait aujourd'hui ensanglanté ma maison.

Ces machines sont fort belles, mais on ne doit les approcher qu'avec les plus grandes précautions ; c'est pour cela que tous mes ouvriers ont, comme vous le voyez, des habits courts et serrés. Je suis privé d'un membre : c'est à une semblable imprudence que je dois cette mutilation, qui a manqué causer ma mort. Comme il disait ces mots, deux grosses larmes jaillirent de ses yeux. Ce n'est pas par faiblesse, Messieurs, que vous me voyez ému ; ces larmes me sont arrachées par la reconnaissance, car mon accident a été la cause de ma fortune. — Votre histoire doit être intéressante, et si je ne craignais de paraître indiscret, je vous prierais de nous la raconter. — Je le ferai d'autant plus volontiers, Monsieur, que ce sera pour moi l'occasion de faire l'éloge d'un homme de bien.

On sortit pour aller s'asseoir à l'ombre de plusieurs beaux arbres, dans un jardin dessiné avec beaucoup de goût. — Je suis né, Messieurs, dit le maître de la maison, dans un pauvre village, près de Corbeil. Mon père, ouvrier, chargé d'une famille nombreuse, ne pouvait donner à ses enfans aucune éducation. Chacun de nous, dès l'âge de six ans, fut placé dans une des manufactures de Corbeil, et employé à des travaux en harmonie avec son âge et ses forces. Pour moi, j'entrai dans un moulin à scier le bois, que faisait mouvoir le courant d'une petite rivière. J'y servis les ouvriers jusqu'à l'âge de douze ans. Mon maître m'avait témoigné souvent de l'attachement, parce qu'il me voyait un vif désir de m'instruire ; je passais le temps de mes loisirs, à dessiner grossièrement les diverses pièces du mécanisme de notre moulin, ou à les exécuter en petit avec du bois et un mauvais couteau. La nature m'avait doué d'une disposition très-grande pour la mécanique, et je fis plusieurs petits modèles qui me valurent des louanges. Un jour que notre maître inspectait les travaux ; il remarqua une pièce qui fonctionnait péniblement ; il m'ordonna de prendre une échelle, et de graisser les parties qui frottaient.

Quand j'eus exécuté son ordre, au lieu de redescendre par mon échelle, je m'avisai de saisir un poteau, et de me laisser glisser jusqu'à terre ; mais, arrivé à quelques pieds du sol, la manche de ma blouse s'accrocha à la scie, je fus entraîné ; mon poignet pressé entre l'instrument et l'arbre qu'il divisait, fut horriblement déchiré : le mécanisme me poussait, mon bras s'engageait de plus en plus, le corps allait suivre ; dans ce moment terrible, le maître ne vit qu'un moyen de me sauver ; il saisit une hache, et me dégagea, en m'abattant d'un seul coup l'avant-bras.

CHARLES ET HENRI. C'est horrible ! N'aurait-on pas pu arrêter la machine ?

— Un instant de plus, j'étais mis en pièces, on n'aurait jamais eu le temps de me sauver en employant ce moyen.

Mon maître me fit donner les plus grands soins, et lorsque ma guérison se trouva parfaite, il m'adopta pour son fils, me plaça dans un collége à Paris, où je reçus une excellente éducation. Mon goût pour la mécanique me fit étudier cette science et les mathématiques avec ardeur : j'y obtins des succès. Enfin, les connaissances que j'avais acquises me permirent de payer une partie de la dette de reconnaissance que je devais à mon bienfaiteur : je perfectionnai ses machines, j'augmentai l'importance de ses ateliers, et, en peu d'années, sa fortune devint considérable. Cet excellent homme crut encore devoir me récompenser en me faisant épouser sa fille ; malheureusement nous eûmes la douleur de le perdre deux ans après notre mariage. Ce fut alors que je conçus le plan de l'établissement que vous venez de visiter. Avant de l'exécuter, je vis ce que l'Europe a de plus parfait en machines à vapeur de tout genre.

M. d'Hennery remercia le propriétaire de la bonté avec laquelle il avait accueilli sa famille, et lui témoigna vivement sa reconnaissance pour avoir sauvé Charles de l'accident affreux dont il fallait être victime ; il lui demanda son amitié et la permission de la cultiver.

Au retour, on cacha à Madame d'Hennery ce qui venait de se passer. Quelques jours après, M. d'Hennery et ses fils rendirent visite à M. V***, le propriétaire de la scierie. On lui fit part du projet de voyage industriel ; il l'approuva, et donna plusieurs sages conseils pour l'accomplir avec fruit. Ainsi, il engagea M. d'Hennery à voir la ville de Saint-Étienne, près de Lyon ; les forges du Jura, plusieurs manufactures à Genève.

Puis en allant en Angleterre, de visiter Louviers, Elbeuf, où des machines à vapeur filent la laine, fabriquent des draps, les foulent ; la vallée de Darnetal, près de Rouen, où se font les indiennes ; enfin, de s'embarquer sur un paquebot à vapeur à Dieppe, et d'aller étudier avec détail les manufactures de Londres, de Birminghan, de Manchester, de Liverpool, où l'on voit des machines exécuter les ouvrages les plus étonnans; forger le fer, le polir, faire des sabres, des couteaux, des rasoirs, des aiguilles, des clous; filer et tisser le coton, imprimer les étoffes, fabriquer de la dentelle, etc.

Dans quelques jours ce voyage va s'exécuter; et Charles, devenu moins étourdi, veut, à l'imitation de son frère Adolphe, écrire son journal. Il se propose même de publier une narration de son voyage pour l'instruction de ses jeunes amis, afin qu'ils puissent admirer, comme il va le faire, les conceptions du génie de l'homme, et l'art avec lequel il a su tirer parti de la puissance de l'eau réduite en vapeur.

JOURNAL

DE

CHARLES D'HENNERV

PENDANT

LE VOYAGE DE SA FAMILLE.

Le départ.

Nous allons partir dans quelques heures !...
nous allons exécuter ce projet de voyage,
dont le plan a été si chaleureusement appuyé
par monsieur V***. Rien ne forme mieux
l'intelligence des jeunes gens, nous disait-il
encore hier, qu'un voyage sagement dirigé.

Le nôtre le sera, puisque notre père nous guide ; il faut que je fasse tous mes efforts pour répondre à ses intentions ; je veux m'instruire, m'éclairer, apprendre à observer, à comparer, à juger ; je veux devenir un homme utile à mes semblables.

Nous allons partir !... mais une idée importune vient troubler ma joie. J'ai promis à mes jeunes amis d'écrire, pour eux, la description de toutes les merveilles de l'industrie humaine, que nous allons étudier...

Ecrire ! quelle tâche pénible me suis-je donc imposée ? C'est un mouvement de vanité qui m'en a fait contracter l'engagement. J'ai eu trop de présomption, je le vois aujourd'hui... que faire cependant.,. à quoi me résoudre ? Quelle honte pour moi, si les pages de mon album reviennent avec leur blancheur primitive ! Je vois d'ici les rires ironiques, j entends les sarcasmes avec lesquels je serais accueilli..... la confusion couvre mon front.

Du courage donc !...... avec une volonté ferme, l'homme ne doit désespérer de rien ; c'est une des maximes de mon père, je la mettrai en pratique... et si je suis embarrassé pour peindre ma pensée, mon père, mon frère Valentin , refuseront-ils de m'aider de leurs lumières ?

Du courage donc !

J'ai confié à mon journal mes premières sensations , le premier pas est fait, je n'ai qu'à continuer... mais voici les chevaux qui arrivent , les claquemens réitérés du fouet du postillon retentissent dans la cour. Il faut partir... nous allons en Angleterre , en passant par Louviers , Elbeuf et Rouen.

Louviers.

Louviers , 6 mai 1835.

Nous voici sur les rives de l'Eure. Le paysage est admirable de fraîcheur. Quelle suavité dans la verdure des prairies, comme elle s'harmonise délicieusement avec la nuance argentée des ondes pures de la rivière , avec l'azur du ciel et l'éclat brillant du soleil ! Comme ces fabriques sont gracieusement disséminées dans la vallée ; des jardins ornés des plus belles fleurs, les entourent pour la plupart, d'autres semblent se voiler à dessein en se plongeant au milieu des plantations pittoresques , afin de dérober à l'œil du curieux importun les mystères de leurs travaux.

7 mai.

Louviers, que je me représentais comme un centre actif d'industrie, est plutôt en décadence qu'en progrès. Cette ville, depuis six ans n'a pas suivi l'essor qu'ont pris ses rivales, notamment Elbeuf; elle reste stationnaire, et peut-être que sans les eaux pures de sa rivière, son industrie s'anéantirait. Les eaux de l'Eure sont précieuses pour le lavage des laines et les teintures.

Nous venons de parcourir Louviers et ses environs, la ville est triste et mal bâtie, mais rien n'égale le genre de beauté de la vallée qui l'entoure, le feuillage des arbres surtout est d'une richesse de teinte surprenante. Les fabriques de drap que nous avons vues sont peu importantes, parce qu'elles ne réunissent pas un ensemble complet de fabrication.

Ainsi les unes manquent de lavoir et de teinturerie, les autres n'ont pas encore de machines à vapeur, ou bien font tisser en ville chez des ouvriers qui possèdent des métiers. C'est à Elbeuf, nous a-t-on dit, que se trouvent les manufactures les mieux organisées.

8 mai.

Nous sortons de la *Villette* ; c'est le nom
d'une filature de coton , établissement assez
important. L'ensemble des bâtimens est imposant ; ils sont vastes , bien situés et renfer-
ment de magnifiques ateliers. Nous avons
revu avec joie la vapeur produire ces mer-
veilleux travaux. Ici , la machine fait mouvoir
des cardes qui épluchent et étendent le coton;
là , il est peigné et transformé en filasse; plus
loin , il est tiré , filé et dévidé sur près de
8,000 broches , d'où on le retire transformé
en fil à tisser , à coudre , à broder , à faire
du tulle ; le fil se dévide sur des milliers de
petites bobines, et en pelotes artistement rou-
lées , que l'on verse alors dans le commerce.
Une seule machine à vapeur donne le mouvement aux diverses mécaniques des ateliers, et
la vapeur qui la fait mouvoir, sert encore à
chauffer tous les autres bâtimens de l'établissement.

9 mai.

C'est un triste spectacle que celui de la des-
truction des œuvres du génie humain par les
agens physiques , car l'homme ne peut pas
toujours parvenir à les dompter. Nous avons
fait aujourd'hui notre dernière promenade

dans la vallée de l'Eure, et nous avons vu des ruines, qui ont produit sur nous une impression douloureuse.

Nous examinions un joli jardin traversé par la rivière ; un charmant pavillon s'élevait au milieu, et dans l'éloignement, parmi des touffes d'arbres, nous apercevions des bâtimens qui semblaient être ceux d'une fabrique. Un ouvrier, sortant du jardin, s'arrêta près de nous, et dit en soupirant : Il y a quelques années, vous auriez vu ici une des plus belles manufactures de drap qu'il y eût en Europe, mais à présent ce n'est plus rien.

Et pourquoi, demanda mon père, cette fabrique est-elle ainsi tombée ?

Le feu, monsieur, le feu, reprit l'ouvrier. En trois ans, deux incendies ont consumé un établissement qui renfermait les machines les plus belles et les plus ingénieuses, où l'on mettait en pratique des procédés parfaits de fabrication, et dont les produits surpassaient ceux des autres manufactures rivales.

MON PÈRE.

Mais ces bâtimens ne paraissent pas abandonnés ?

L'OUVRIER.

Non, un frère de l'ancien propriétaire les occupe, on y fabrique encore, mais !...

MON PÈRE.

Ce n'est plus comme autrefois, voilà ce que vous voulez dire ?

L'OUVRIER.

Oh ! oui, la différence est immense ; nous sommes peu d'ouvriers occupés pour cette manufacture, et encore la plupart des draps se fabriquent au-dehors, chez ceux qui possèdent des métiers dans leurs maisons.

MON PÈRE.

La perte a dû être immense ?

L'OUVRIER.

Assurément, mais elle eût été beaucoup plus considérable, sans la sage précaution du propriétaire, qui avait assuré ses bâtimens.

MON PÈRE.

C'est une belle institution que celle des assurances contre l'incendie, elle a sauvé depuis son origine un grand nombre de familles honorables et laborieuses d'une ruine complète.

L'OUVRIER.

Si vous êtes curieux de voir les restes d'une des merveilles du pays, vous pouvez entrer, Messieurs, le maître vous recevra avec plaisir.

MON PÈRE.

J'accepte volontiers, si vous voulez nous servir d'introducteur.

La manufacture incendiée.

Nous avons été reçus avec une cordialité parfaite par M. Cléri, le propriétaire actuel de la fabrique. C'est un homme d'une cinquantaine d'années, simple dans ses manières, aimable dans ses procédés, franc dans ses discours. Il nous a montré lui-même avec la plus grande complaisance, ce qui reste des anciens bâtimens ; il nous a expliqué dans les plus grands détails, le mécanisme de la fabrication des draps ; c'est une introduction préliminaire dont je profiterai à Elbeuf pour mieux observer, et pour décrire plus exactement ce que j'y verrai.

On peut juger par ce qui subsiste encore, de l'importance que cette manufacture a dû avoir. Mais mon cœur s'est douloureusement serré à l'aspect des pans de murs noircis, des plafonds écroulés, des solives charbonnées. Des parties entières de bâtimens, ne sont plus que d'informes ruines ; c'est principalement celui qui renfermait la machine à vapeur, qui a le plus souffert, non cependant qu'elle ait été la cause du désastre.

Dans la conversation, nous avons été amenés à parler du fondateur de l'établissement. D'après ce que nous en avons appris, c'est un homme remarquable, un homme qui fait honneur à sa patrie ; son histoire est simple, mais attachante : elle offre un exemple de ce que peut la volonté de l'homme, malgré les obstacles qu'il lui faut souvent surmonter.

Histoire de M. Cléri.

Mon frère et moi, dit le propriétaire de la fabrique, nous sommes nés dans un village du département du Jura, notre famille était nombreuse, mais peu aisée ; l'éducation qu'on nous donna nous réduisit à la connaissance de la lecture et de l'écriture. A peine mon frère eut-il atteint l'âge de quinze ans, qu'il dut partir pour Paris, où nous avions un oncle marchand drapier, dont les affaires prospéraient. Mon frère se mit eu route à pied , chargé d'un modeste bagage, et d'une somme d'argent plus modeste encore, qui devait lui suffire pour atteindre la capitale , en usant de la plus sévère économie.

Notre oncle le reçut comme un bon parent , et l'admit au nombre de ses commis. Le jeune homme avait confiance dans ses forces et foi dans sa fortune ; de vastes projets l'avaient aidé à supporter les fatigues de la route , il se voyait déjà , tout en descendant des montagnes , capitaliste , négociant et chef d'une vaste manufacture. Doué d'une rare aptitude pour le commerce , il connut bientôt les plus minutieux détails d'un magasin , il sut apprécier les qualités des marchandises et indiquer à la première vue la fabrique d'où elles sortaient. Tout en se livrant à ses travaux , mon frère ne négligea point son instruction , il sentit , dès son arrivée , à Paris , qu'il lui était nécessaire de parler purement sa langue , et de posséder à fond la science du calcul. Ses soirées, il les consacra donc à l'étude , et en peu de temps il devint un habile mathématicien.

Trois ans s'étaient à peine écoulés , que le jeune commis était devenu l'associé de son oncle ; il avait surtout un talent particulier pour placer, dans les maisons e détail, les marchandises qu'il achetait en gros dans les fabriques.

La maison de commerce de MM. Cléri jouissait d'un grand crédit ; elle était une des plus importantes de Paris, lorsque la révolution survint, anéantit l'industrie et suspendit pour long-temps toutes les affaires. L'oncle et le neveu éprouvèrent des pertes considérables ; la nécessité de défendre les frontières envahies par l'étranger, rompit leur association, et mon frère s'enrôla dans un bataillon de volontaires. Pendant cinq ans qu'il combattit dans les rangs de nos glorieuses armées, il trouva l'occasion de se distinguer, obtint des grades ; la fortune et son intelligence le placèrent comme tant d'autres, à cette brillante époque, sur la voie des honneurs militaires. Une magnifique carrière, attrayante surtout par l'auréole de gloire chevaleresque qui l'entourait, s'ouvrait devant lui ; mais malgré la bravoure qu'il avait déployée dans plusieurs circonstances périlleuses, il la dédaigna : la guerre n'était pas sa vocation. Dès que la sécurité commença à renaître en France, il se retira du service pour rentrer dans la classe modeste mais utile des industriels.

Mon frère revint à Paris, aussi léger d'argent, mais aussi riche de projets, et aussi confiant en lui-même, que lorsqu'il partit, naïf enfant, de sa pauvre chaumière du Jura. Les magasins de MM. Cléri, oncle et neveu, se rouvrirent, mais qu'ils étaient loin d'avoir le brillant, l'étendue de la riche maison d'autrefois ! On les vit petits, pauvrement assortis d'étoffes d'une qualité inférieure, n'ayant d'autres employés que les deux propriétaires ; l'oncle était à la fois commis, caissier, teneur de livres ; le neveu portait en ville les marchandises vendues, s'approvisionnait dans les maisons de gros, encore rares en ce moment. Rien ne présageait à ce petit établissement une fortune même médiocre.

Mais l'activité de M. Cléri neveu, croissait en raison des obstacles qu'il lui fallait vaincre. La confiance s'affermissait alors au bruit du canon victorieux des armées consulaires ; le commerce commençait à remettre en circulation des capitaux enfouis et inutiles depuis plusieurs années. Le jeune négociant exploita en homme habile les circonstances. A l'aide de l'honorable renommée de sa première maison, de son aptitude et de son activité, il se créa du crédit. Plusieurs

Mon oncle, notre situation est assez prospère.

(pag: 47.)

commerçans trouvèrent de l'avantage à lui
confier, comme commissionnaire, des marchandises ; il les plaçait dans les magasins nouveaux, dont le nombre s'accroissait de jour
en jour. Bientôt les bénéfices accumulés devinrent tels, que l'on vit s'agrandir le modeste magasin, il fut orné. Un commis remplaça l'oncle dans le comptoir, deux commissionnaires, placés au rez-de-chaussée,
s'occupèrent à porter à leur destination les
marchandises vendues. Une nouvelle ère de
prospérité commença pour les deux associés.

Mon frère, depuis cette époque, put renouveler ses marchandises en s'approvision-
nant dans les fabriques, il les y achetait
moins cher que chez les marchands en gros,
et les revendait avec plus de bénéfices.
Bientôt, il put lui-même joindre à son commerce de détail, le commerce de draperie
en gros ; il rentra, ainsi que son oncle, dans
la classe des négocians. L'abondance régnait
pour la seconde fois dans la maison, et peu
à peu réparait les pertes des temps malheureux.

Une légère mésintelligence, qui n'altéra pas
les sentimens d'amitié que se doivent d'aussi
proches parens, vint arrêter un moment l'essor que mon frère avait pris. Chaque jour

-il augmentait ses relations et le nombre de ses opérations; il en était venu à vouloir réaliser son beau rêve de jeune homme, créer une fabrique. Madame Cléri, la tante, s'effraya des idées gigantesques de son neveu, il lui semblait que l'état florissant de son commerce devait satisfaire l'ambition la plus vaste. Elle usa donc de toute son influence pour retenir l'oncle dans la sphère actuelle de ses affaires, et pour l'empêcher d'accéder aux plans de son neveu.

Mon frère voyant l'avenir qu'il se dépeignait si riche et si beau, se fermer tout-à-coup devant lui, ne put se résigner : il prit un parti violent.

Un soir donc que l'oncle et la tante, après la vérification de l'état de la caisse et de la balance du grand. livre, causaient gaiement dans le petit salon meublé en antique damas, et activaient la flamme du foyer, mon frère entra inopinément. On lisait sur sa figure qu'il allait communiquer quelque chose de grave. Après s'être assis entre les deux époux, et après avoir conservé pendant plusieurs minutes, comme pour se recueillir, un silence froid, qui arrêta tout-à-coup la joie un peu loquace qu'avait excitée le chiffre favorable de la balance, il prit la parole :

— Mon oncle, notre situation est assez prospère, vous avez dû le voir par l'état de l'inventaire et de la balance.

— Deux cent mille francs en caisse, neveu, deux cent mille francs! cent vingt mille en marchandises, et vingt-cinq mille francs de recouvremens à faire, c'est ma foi un bel actif.

— Certes, mon oncle, notre crédit est fermement assuré, tant sur la place que dans les départemens.

— Neveu, avec une caisse qui contient deux cent mille francs, on peut se passer de crédit.

— Vous avez tort, mon oncle, une somme aussi considérable ne doit pas rester oisive en caisse, il faut qu'elle fructifie.

— Eh bien ! mon neveu, nous pouvons en employer une partie à acheter des propriétés, soit maisons, soit fermes.

— On peut, mon oncle, faire un placement plus avantageux, un négociant tire plus de parti de ses capitaux en augmentant ses opérations, qu'en se donnant le plaisir d'être appelé propriétaire.

— Oui, mon neveu, reprit la tante, mais

le propriétaire ne craint rien pour son argent, et votre oncle a raison.

— Soit, mais mon oncle peut devenir propriétaire tout en donnant à sa propriété une valeur commerciale, j'ai vu dans mon dernier voyage à Louviers, un terrain et une maison très-avantageusement située pour y établir une fabrique.

— Ah! monsieur! vous y voilà donc? Toujours votre maudit projet.... vous voulez nous ruiner... l'ambition perd l'homme, monsieur! elle le perd, et vous êtes ambitieux! libre à vous de vous ruiner, mais mon mari ne se laissera pas conduire par un étourdi, monsieur,....... prenez vos fonds; élevez des fabriques; nous nous contenterons de notre humble commerce.

— Ma femme, ma femme, tu t'emportes trop, notre neveu a de l'ambition, c'est possible, mais ce n'est pas un étourdi, au contraire, il a les talens d'un vrai, d'un bon et loyal négociant, et je suis fier de l'avoir formé. Mais, neveu, vois-tu, quant à l'affaire de la fabrique, n'en parlons plus, car je n'y consentirai jamais, restons ce que nous sommes, pas d'entreprises trop hasardées, encore une dizaine d'années de travail et nous aurons une petite fortune bien suffisante pour nous assurer une vie tranquille.

— Alors, mon oncle, je suivrai le conseil de ma tante, nous nous séparerons.

— Nous séparer, monsieur ! dit l'oncle stupéfait, nous séparer ! Ai-je bien entendu ?

— Mon oncle, j'en éprouverai le plus vif chagrin, mais il le faut, puisque....

— Tais-toi !.... ingrat !.... il le faut, dis-tu ? il le faut ! Ah ! je te croyais bon cœur, je me suis donc bien trompé ! Et c'est un enfant que j'ai élevé, que j'ai formé, qui est devenu par mes soins un excellent commerçant, le fils de mon frère ! Lui que j'aimais plus que s'il eût été mon propre enfant, c'est lui, lui qui me menace de m'abandonner !...... Malheureux !

— Mon oncle, calmez-vous, je.....

— Que je me calme ! Que j'entende des choses aussi terribles sans m'émouvoir ? Ah ! tu veux donc me faire mourir ?....... Que je me calme ? Que je sois là comme tu l'es, impassible, sans une larme pour mouiller ma paupière, cœur froid ! âme de glace !

— Mon oncle, je souffre, je souffre plus que vous, peut-être, quoique je concentre mes émotions !

— Tes émotions ! Tu ne sens rien, tu es un ingrat ! Sors d'ici !

Mon frère voyant les yeux du vieillard s'animer de plus en plus, sortit et se retira dans sa chambre, ses larmes coulèrent abondamment, sa résolution était violemment ébranlée ; il passa une nuit fort agitée, et lorsque le jour se leva, il restait encore indécis sur le parti définitif qu'il lui fallait prendre. Mais le vieillard avait, lui, une résolution bien arrêtée, celle de rompre l'association. La proposition de son neveu l'avait vivement blessé, et sa femme, profitant de son exaspération, fit usage de toute l'influence qu'elle pouvait avoir sur lui. Elle représenta tóutes les opérations nouvelles du jeune homme comme hasardeuses, prédit qu'il finirait par les ruiner s'il continuait à prendre part à leurs affaires, et sut faire convenir mon oncle que la rupture était un évènement heureux.

L'oncle fit appeler mon frère dans son cabinet. Il y vint tremblant, s'attendant à une scène qui l'entraînerait à rester et ruinerait tout l'avenir qu'il aimait à se retracer si animé et si brillant. Mais, quel fut son étonnement, lorsque le vieillard, affectant à son tour le plus grand calme, lui dit :

— Mon neveu, il nous serait impossible désormais de nous entendre, vous me proposez de nous séparer, j'accepte ; notre liquidation sera bientôt faite ; voici cent mille francs qui vous appartiennent, prenez-les et disposez-en comme vous l'entendrez ; pour ce qui nous est dû, et pour ce qui se trouve ici en magasin, je vous en verserai les fonds au fur et à mesure des rentrées et de la vente ; êtes-vous satisfait ?

— Mon oncle, en vous proposant une séparation, je n'ai pas eu l'intention de vous dépouiller, et je croirais me rendre coupable d'une mauvaise action en acceptant ce que vous nommez ma part, votre crédit pourrait en souffrir, vos affaires diminuer d'importance, votre fortune en être altérée. Je suis jeune, je puis me suffire, et c'est avec un noble orgueil que je veux ne devoir qu'à moi ma fortune, je n'accepte donc pas cet argent.

— Neveu, tu deviens fou, dit l'oncle ému jusqu'aux larmes de cette délicatesse de procédés, tu deviens fou, ou tu es trop honnête homme. Cet argent est à toi, il t'appartient légitimement, ne crains donc pas d'en user.

— Mon oncle, je vous ai dit quelle était ma résolution, elle est inébranlable.

Ce combat de probité délicate dura pendant plusieurs heures entre l'oncle et le neveu, chacun faisant usage d'une foule de raisonnemens pour convaincre son adversaire. Enfin, l'oncle voyant que la décision était irrévocable, prit un moyen terme.

— Neveu, dit-il, cet argent restera dans ma caisse, j'y consens, mais il sera toujours ta propriété ! tu as ici un crédit de cent soixante-douze mille cinq cents francs dont tu peux faire usage à toute heure ; c'est un dépôt qui te sera rendu à ton ordre.

— Eh bien ! mon oncle, comme vous voudrez.

Le voilà donc encore une fois recommançant sa carrière commerciale, seul et sans autre crédit que le talent qu'on lui connaissait pour ses affaires, puisqu'il s'était bien promis de ne jamais recourir à la caisse de son oncle. Mais c'est un immense avantage que le talent. Partout où mon frère s'adressait, il était accueilli avec bienveillance ; il n'y eut aucun fabricant qui ne mît à sa disposition les produits de ses manufactures. Quelques-uns blâmaient sa conduite délicate envers son oncle, la traitaient d'originalité, mais ils n'en prenaient pas moins une confiance sans bornes dans sa loyauté. Mon frère loua un magasin peu considérable dans une des rues les plus fréquentées de Paris, à l'angle d'une magnifique place publique ;

il s'y livra d'abord au commerce de détail, refusant de se lier d'affaire avec les clients de la maison de son oncle, afin de ne lui causer aucun tort. Dès qu'il eut réuni quelques économies, il augmenta ses rapports, et entreprit encore des spéculations plus étendues; mais jamais il ne se livrait à des chances trop incertaines, à celles qui se rapprochent plus d'un jeu de hasard que d'un véritable négoce; ce qui malheureusement passe aujourd'hui en habitude et ruine un grand nombre de négocians. Peu à peu le magasin prit de l'extension, il fallut ensuite y joindre tout le premier étage, augmenter le nombre des commis, avoir un caissier et des teneurs de livres.

Cinq années s'écoulèrent, et la maison Cléri, *neveu*, devint ce qu'avait été la maison Cléri et compagnie, une des premières de la capitale. Dans cet intervalle de temps, mon frère épousa une jeune personne aussi belle qu'aimable et intelligente, qui l'aida puissamment dans ses travaux. Enfin arriva cette époque si désirée, le rêve de toute son existence, époque où mon frère put établir une fabrique et devenir manufacturier. Il choisit cette ville, qui était alors en grande réputation, pour ses beaux produits et qui faisait des affaires immenses avec l'Europe entière.

Il en fut de la manufacture naissante , comme naguère des deux magasins de Paris, petite et humble à son origine, on la vit de jour en jour s'accroître , puis prendre un rang distingué parmi ses rivales. Les ateliers s'augmentaient, les machines s'y multipliaient, les produits non - seulement alimentaient le vaste magasin de Paris , mais encore s'exportaient dans l'étranger. Un joli pavillon , celui que vous voyez là , s'éleva au milieu d'un charmant jardin , il recevait la famille de mon frère pendant les beaux jours de l'été. M. Cléri, neveu , n'était plus alors le petit paysan du Jura, quittant à pied l'humble toit natal ; réussissant jusque dans ses moindres entreprises, M. Cléri possédait plus d'un million. Son opulence ne changea rien à ses manières, il ne méconnut jamais ses anciens amis ; généreux et bienfaisant , il les aidait de sa bourse et de son crédit ; il fit jouir sa famille d'une honnête aisance, appela près de lui ses frères et les intéressa dans son commerce. Aimé de ses proches, de ses amis, d'une épouse et d'une fille charmante ; regardé par ses ouvriers comme un père, mon frère pouvait se dire heureux.

Mais hélas, la vie ne peut pas être constamment semée de fleurs!... un bonheur sans orage et secousses deviendrait peut-être trop monotone.... il faut croire que les agitations et les revers sont utiles à l'homme.... et en effet ils le sont, car ils tendent à le rapprocher de la divinité, notre consolation et notre refuge dans nos douleurs, et ils font apprécier, à leur immense valeur, les biens dont sa bonté nous a fait jouir.... Au milieu de sa prospérité, le malheur alla donc atteindre mon frère, comme pour lui rappeler qu'il était homme. Dans une nuit l'incendie dévora cette manufacture qu'il avait élevée avec tant d'amour. Des laines grasses et humides, placées dans un magasin, fermentèrent, s'enflammèrent spontanément, et lorsqu'on s'aperçut du désastre, le feu avait déjà fait à l'intérieur des progrès si rapides, que les secours les plus énergiques et les mieux combinés ne purent sauver qu'une faible partie des ateliers.

Averti promptement, mon frère accourut ici, il reçut avec sensibilité les marques d'amour que lui donnaient ses ouvriers; il leur assura jusqu'au moment où les travaux pourraient reprendre, des secours suffisans pour faire subsister leurs familles. Avec un calme incroyable, il examina toute l'étendue du désastre, calcula ses pertes qui consistaient en laines non travaillées et en produits manufacturés d'une valeur de trois cent mille francs, les bâtimens et machines étaient assurés.

Un architecte, appelé immédiatement, reçut l'ordre de construire une manufacture nouvelle sur les plans que mon frère lui communiqua. Six mois suffirent pour élever un établissement tel que la France n'en possédait pas encore. Les laines y étaient amenées brutes comme elles viennent de la ferme, et sortaient transformées en draps soyeux, d'une finesse remarquable. Ainsi, elles étaient lavées, dégraissées, filées, tissées, teintes sans sortir de la maison. Une magnifique machine à vapeur, construite en France, et aussi bien exécutée que les meilleures machines anglaises, faisait mouvoir les métiers à filer, à tisser, et le moulin à foulon; la vapeur chauffait les cuves de la teinturerie ⁓ maintenait une température douce dans tous les ateliers, et la chaleur du fourneau de la chaudière, habilement conduite, servait à tenir l'étuve et le séchoir au degré convenable pour sécher les laines et les pièces de draps teintes. Tous les métiers, les tondeuses, les cuves étaient d'invention nouvelle; chaque procédé employé devenait un perfectionnement ajouté à l'art de la laine, souvent même il était dû à mon frère. C'est lui qui le premier est parvenu à teindre solidement les draps en gris, et à faire les draps dit cachemires. Les étoffes de cette magnifique usine ont souvent valu à M. Cléri, dans les expositions des produits de l'industrie française, des médailles, des mentions honorables, mais jamais il ne fut récompensé comme il aurait dû l'être; car des décorations ont été plus d'une fois donnés à des fabricans qui ont rendu moins de services. Mais mon frère est modeste et n'a jamais su ni intriguer, ni se faire valoir.

Quand les revers viennent assaillir un homme, ils semblent s'acharner sur lui comme sur une proie; rarement une infortune arrive sans être suivie d'une autre infortune quelquefois plus grave que la première. Mon malheureux frère était destiné à souffrir tout ce que peut éprouver de déchirant l'homme qui voit s'évanouir en un moment le résultat des travaux d'une vie entière, qui voit avorter les plans que son imagination a rêvés avec amour long-temps avant de pouvoir les réaliser. La manufacture était depuis un an l'objet de l'admiration de notre pays, lorsque le feu,

éclatant avec plus de violence que la première fois, l'anéantit en peu d'heures. Et cependant, aucune précaution n'avait été omise
pour prévenir et combattre l'incendie. La
maison possédait plusieurs pompes toujours
prêtes à manœuvrer. Un contre-maître veillait
et faisait des rondes pendant la nuit, moi-
même je ne me livrais jamais au repos sans
avoir préalablement visité chaque partie des
ateliers. Quelle fut la cause de ce nouveau
désastre ? c'est un mystère que rien n'a pu
éclaircir.

Mon frère renonça dès lors à relever sa fabrique, qu'une sorte de fatalité s'attachait à
détruire, fatalité qui semble peser sur toute
la contrée, car cet incendie fut comme le pré-
lude de la décadence de Louviers. Par un dernier acte de générosité, qui couronnait digne-
ment une vie honorable et laborieuse, mon
frère réunit sa famille et ses ouvriers, annonça qu'il se retirait des affaires, mais qu'il
ne voulait pas laisser sans avenir des hommes
auxquels il se croyait redevable de sa fortune ; à moi il donna cette propriété et des
fonds pour la faire valoir ; à un troisième
frère il laissa la maison de commerce de Paris, puis il distribua entre ses ouvriers une
somme assez considérable pour leur constituer

des rentes suffisantes pour soutenir leur vieillesse. Il plaça cette somme de manière à en accumuler les intérêts jusqu'au moment où soit l'âge, soit les maladies, les mettraient hors d'état d'employer fructueusement leur temps de travail.

Aujourd'hui , M. Cléri jouit de la belle fortune acquise par son industrie , en l'employant honorablement , il se plaît à faire travailler les ouvriers sans ouvrage , à secourir les veuves et les orphelins , à aider par des prêts généreux et sans intérêts les commerçans qui tombent dans la gêne par suite de malheurs qu'ils n'ont pas mérités. Il a déjà rétabli ainsi plusieurs fortunes chancelantes , et sauvé des noms honorables de la tache d'une faillite.

Après ce récit, M. Cléri le jeune nous invita tous à déjeûner, mais mon père ne se rendit pas à ses instances, car il désirait quitter Louviers le soir même , et nous avions encore une longue course à faire pour achever l'examen du pays ; mais il sollicita de sa complaisance la faveur de nous ménager la connaissance de son estimable frère au retour de notre voyage.

Pendant notre promenade qui a duré cinq heures , nous n'avons pas cessé de nous entretenir de cet homme de bien. Mon père nous a fait remarquer toute l'étendue de ses vertus, il a fait ressortir sa délicatesse, sa probité ; sa bienfaisance ; et la fermeté de caractère, dont l'énergique volonté lui a fait surmonter les obstacles qui, à plusieurs époques, entravèrent sa carrière, et surtout la force d'âme et la courageuse résignation avec lesquelles il a supporté deux malheurs excessifs, anéantissant ce qu'il avait élevé avec tant de travail et de persistance.

Pour moi, ce sera un heureux jour que celui où je pourrai lui serrer la main. L'amitié d'un homme vertueux est un bienfait de la Providence ; j'espère pouvoir me rendre digne de celle de M. Cléri ; il sera toujours un des modèles qui je suivrai dans ma conduite d'homme privé et de bon citoyen.

Elbeuf.

Elbeuf, 12 mai.

Nous arrivons à Elbeuf ; quelle immense différence on remarque, dès l'abord, entre l'aspect de cette ville et celui de Louviers. Ici tout est vivant, animé. Elbeuf s'annonce au loin par un épais nuage noir qui plane au-dessus de ses édifices, c'est la fumée de charbon de terre que vomissent de longues cheminées des machines à vapeur.

Dans l'intérieur, on entend le bruit du travail des manufactures ; les rues ne sont fréquentées, pendant les longues heures de la journée, que par des gens affairés, et périodiquement à neuf heures, à deux heures après-midi, on voit une fourmilière d'hommes, de femmes et d'enfans se répandre dans les rues, jouer et causer, prendre un léger repas, puis disparaître au son argentin des cloches des fabriques. Le soir, la foule reflue dans les rues, ce sont encore les ouvriers ; le travail de la journée est achevé, ils retournent prendre du repos dans leurs demeures.

La physionomie de l'ouvrier d'Elbeuf indique le contentement, son visage est épanoui, on y lit la confiance dans l'avenir, le bien-être dans le présent, sa sécurité est complète.

Sans l'industrie qui la vivifie, Elbeuf serait une ville très-maussade : elle est mal bâtie, noire comme la plupart des cités normandes, ses rues sont étroites, tortueuses. Le bon goût en architecture civile commence cependant à s'y répandre, et quelques fabriques nouvellement construites, sont remarquables par leur distribution et l'effet pittoresque de leur dessin.

4

12 mai , onze heures du soir.

Demain nous visiterons les principales manufactures de cette ville. La journée d'aujourd'hui a été consacrée au repos. Ce soir, nous nous sommes réunis dans la chambre de mon père , et il nous a donné sur l'historique de la fabrication des draps , des détails d'un extrême intérêt , que je vais tâcher de reproduire.

Historique du drap.

Le drap , étoffe fabriquée avec la laine du mouton , exige un travail long et compliqué , quoique l'on soit parvenu aux États-Unis à changer , dans l'espace de treize heures vingt minutes , des toisons prises sur le dos des brebis , en habits de draps parfaitement confectionnés. Le mot drap vient du mot latin *Trabea,* qui signifie robe de laine. La Trabea fut long-temps réservée au costume des rois et des simulacres des dieux, à cause de sa rareté.

Les Chinois ont inventé les draps de laine , plusieurs siècles avant J.-C. Dans les parties septentrionales de la Chine, le drap sert de vêtement d'hiver, et remplace la soie dont on s'habille en été. C'est peut-être de la Chine que cette étoffe s'est répandue dans le reste de l'Asie, où elle fut employée, de toute antiquité, ce qui est prouvé par les lois de Zoroastre, et par plusieurs monumens indiens.

Les Germains, peuples sortis du nord de l'Asie, savaient fabriquer un 'drap grossier, à longs poils, qui servait à=vêtir leurs chefs : les Gaulois Kimris de la Belgique, en confectionnaient de semblables. Les draps germains étaient peu foulés, leur mode de fabrication n'est pas perdu, on en fait encore de semblables dans quelques communes du département de l'Oise, où ils sont connus sous le nom de drap de Saint-Lô.

La ville belge d'Atrebatum (Arras), perfectionna les draps de laine, dans les premiers siècles de l'ère chrétienne. Son commerce devint très-important, elle exportait ses produits dans tout l'empire Romain. Saint-Jérôme cite les draps d'Atrebatum, pour leur finesse, qui ne le cédait, dit-il, qu'à la soie. S'il en était ainsi, la fabrication de cette étoffe aurait été aussi parfaite que de nos jours. La ville de Laodicée rivalisait avec celle d'Arras pour la finesse de ses tissus de draps. C'est ce qui consolait l'empereur Galien, lorsqu'il reçut la nouvelle de la prise d'Atrebatum par les Barbares d'Outre-Rhin.

Ne pouvons-nous donc nous passer des étoffes d'Atrebatum , s'écria-t-il !

Après la chute de l'empire d'Occident ,
l'industrie des étoffes de laine se réfugia sous
la protection des Césars de Constinople, elle
y devint florissante , mais sans prendre tout
le développement dont elle était susceptible,
car , par un orgueil national mal entendu ,
les empereurs grecs défendaient l'exportation
des draps de laine dans l'Occident, les Barbares étant , disaient-ils , indignes de se
vêtir de tissus aussi précieux. Cependant les
draps de Constantinople étaient très-recher-
chés en Italie et en Allemagne. Les prohi-
bitions impériales furent probablement cause
de l'émigration de quelques fabricans grecs
en Italie, où des richesses immenses devaient
récompenser l'importation de leur industrie.
Florence devint le centre de la fabrication
des draps dans l'Europe Orientale , elle s'y
développa sous le nom d'art de la laine, et
les cardeurs formèrent la corporation redoutable de Ciompi , qui prit le rôle le plus
actif dans les révolutions de la république
Florentine.

L'art de la laine , en Italie , sortit des
monastères , qui étaient dans les onzième et
douzième siècles , des associations religieuses

et industrielles, assez semblables à celles des frères moraves modernes; on peut même dire qu'elles n'en différaient que par le célibat des associés. D'Italie, l'art de la laine se répandit en Angleterre, et revint en Belgique. Des lois du roi Richard réglèrent en 1197 le largeur du drap, qui dut avoir deux aunes, et sa couleur, dont le noir et le rouge furent exclus.

Les manufactures anglaises prirent de l'importance, les cultivateurs soignèrent l'éducation des brebis, les laines devinrent d'une qualité supérieure, et pour assurer aux draps anglais une supériorité réelle, une loi de 1337, déclara coupable de félonie, les étrangers ou les nationaux qui exporteraient des laines hors du royaume. Une autre loi de la même année défendit l'importation des draps étrangers, et punit d'une amende tout anglais qui ne se vêtirait pas avec les draps du pays. Malgré ces lois prétendues protectrices, l'industrie de la laine déclina en Angleterre, et il ne fallut pas moins que le gouvernement despotique et féroce du duc d'Albe, dans les Pays-Bas, pour sauver les fabriques anglaises. En 1568 et 1569, plusieurs milliers d'ouvriers abandonnèrent Gand; Bruges, et d'autres villes pour chercher un refuge dans la Grande-Bretagne; ils y relevèrent les manufactures ruinées de Norwich, Sandwich et Colchester. La conduite du duc d'Albe était bien impolitique, car la Hollande et la Flandre surtout, avaient dû pendant long-temps leur prospérité à leurs fabriques de draps de laine. Dans le quinzième siècle, cinquante mille ouvriers travaillaient à la confection de ces étoffes dans la seule ville de Gand.

Nous avons vu que l'antique Gaule avait été un des berceaux de l'art de la laine. Cette industrie ne s'y éteignit pas entièrement après l'invasion des Francs. Les empereurs de la famille Karlings, ou Carlovingienne, favorisèrent son extension ; la cité sainte de la terre des Francs, la ville de Reims, cité privilégiée, s'abandonna avec ardeur à la fabrication des draps de laine. Ses manufactures acquirent du renom. En 1396, Charles VI, après la défaite de Nicopolis, voulant fléchir le sultan Bajazet, qui tenait captif le comte de Nevers, fils du duc de Bourgogne, lui envoya des présens, parmi lesquels on remarquait six charges de draps écarlate, fabriqués à Reims.

Paris et Perpignan, en 1498, rivalisèrent avec Reims.

François Ier et Charles IX prohibèrent l'entrée des draps étrangers en France, pour favoriser les manufactures françaises ; Henri IV, en 1599, renouvela leurs édits. Cependant, jusqu'en 1646, la France continua de tirer d'Espagne, de Hollande et même d'Italie, presque tous les draps fins qu'elle employait. Dans cette année, Binet et Merveilles obtinrent pour vingt ans le privilége de fabriquer des draps de fine laine. Ils se fixèrent à Sédan où ils montèrent six cents métiers, tant dans la ville que dans les environs. En 1666, lorsque leur privilége expira, le hollandais Van-Robais obtint un semblable monopole ; il établit sa manufacture à Abbeville où elle existe encore. En 1667, on monta dans la ville d'Elbeuf les premiers métiers à tisser le drap. Cette industrie s'y naturalisa si bien, qu'en 1697 Elbeuf comptait trois cents métiers, et livrait au commerce dix mille pièces de draps, façon Hollande, estimées à la somme de 200,000 livres. Huit mille ouvriers étaient occupés à cette fabrication.

Cependant la révocation de l'édit de Nantes, en 1685, avait porté un coup funeste à l'industrie de la laine en France, car une multitude de fabricans et d'ouvriers protestans se réfugièrent en Angleterre. Cette atteinte funeste attira la sollicitude du gouvernement sur l'art de la draperie, il s'efforça de multi-

plier les fabriques. En 1688, Glides et Julien-
nes obtinrent le droit de fonder une manufacture de drap aux Gobelins, à Paris. En
1697, soixante métiers de drap, façon Elbeuf, se montèrent à Louviers et employèrent
mille ouviers. Rouen en comptait alors cent
vingt-cinq. Depuis la révolution de 1789, l'art
de la draperie a fait en France d'immenses
progrès, et ne craint aucune concurrence de
la part de l'étranger. Elbeuf et Sédan sont
aujourd'hui les principaux points où l'on s'occupe de cette industrie.

La fabrication du drap.

14 mai.

Hier je n'ai rien écrit, j'étais trop fatigué,
nous avions employé la journée à visiter de
superbes fabriques ; mais celle que nous avons
vue aujourd'hui surpasse toutes les autres. Mon
père avait écrit dès son arrivée à M. B. qui
en est le chef, pour obtenir la permission
de nous y conduire, en lui détaillant les motifs
de notre curiosité. Ce matin, dès six heures,
un contre-maître se présenta à notre hôtel,
pour nous remettre la permission sollicitée,
et nous annoncer qu'il serait à notre disposition pendant toute la journée, nous étions
prêts ; mon père invita le contre-maître à

prendre avec nous le premier repas du matin , puis nous partîmes. Notre guide est un jeune homme de vingt-deux ans, fils d'un négociant de Paris, qui le destine à être propriétaire d'une des manufactures de Sédan , il l'a fait instruire dans les diverses sciences que doit connaître un chef d'établissement industriel. Elevé à l'école centrale industrielle de Paris , ce jeune homme est habile dans la théorie du commerce , dans les mathématiques , la mécanique, la physique , la chimie, et surtout dans l'application de ces diverses sciences aux arts. Lorsqu'il a eu terminé ses cours et reçu un brevet de capacité , son père, qui est lui-même distingué par ses connaissances, l'a placé comme simple ouvrier dans la fabrique de M. B..., afin qu'il pût joindre une pratique approfondie à la théorie scientifique.

Le jeune R.... a successivement travaillé dans les différens ateliers de l'établissement ; sa science et son intelligence l'ont rendu partout, en peu de temps, un excellent ouvrier; il doit compléter son éducation industrielle par un voyage dans toutes les villes manufacturières de l'Europe ; mon père trouve que ce plan d'éducation devrait être mis en pratique par tous les parens éclairés qui désirent faire de leurs fils de vrais négocians.

Lorsque nous arrivâmes à la manufacture, il était sept heures, les travaux se trouvaient en pleine activité ; notre guide nous conduisit d'abord dans le magasin des laines pour nous faire connaître la matière première brute, avant de nous la montrer employée. Là, les laines sont rangées par ballots et dans l'état où elles sont en sortant des mains du tondeur de moutons. Voici ce que nous dit le jeune B... On donne le nom de laine au poil qui couvre les moutons, les chameaux, les castors, les chèvres, les lamas et les vigognes. Les laines sont employées à confectionner les étoffes qui servent à l'habillement et à l'ameublement. Toutes les laines peuvent servir à fabriquer l'étoffe appelée drap, parce que toutes peuvent se feutrer ; cependant on préfère la laine de mouton parce qu'elle jouit de cette propriété au suprême degré.

Les laines se récoltent de deux manières, soit en tondant les animaux vivans, soit en épilant des peaux d'animaux morts. Les premières, sont dites laines en toison, les secondes, laines mortes. Les poils de la laine sont des tubes creux, remplis par une matière grasse et huileuse, qui suinte au travers du tube et préserve la toison des effets destructeurs de l'humidité. La laine en suint,

contient toute la matière huileuse des poils ;
tandis que la laine morte en est privée ;
parce que ce principe a été en grande partie détruit par la chaux et la potasse dont
on s'est servi pour détacher la laine · de la
peau.

La nature produit des laines de diverses
teintes : de blanches, de noires, de rous-
ses ; la blanche est préférable, parce qu'elle
reçoit mieux toute espèce de teinture. La
longueur de la laine varie selon les espèces
de mouton ; les laines les plus courtes ont
de cinq à six centimètres de longueur. (un
pouce); les plus longues, soixante centimètres (22 pouces). Les moutons anglais du
comté de Leicester, produisent la plus longue laine ; mais pour nos draps, nous n'employons que des laines fines et courtes,
parce qu'elles se feutrent mieux ; la France
n'en produit pas suffisamment, et nous sommes obligés d'en tirer de Saxe, d'Espagne,
de Silésie et de Moravie. Il est fâcheux que
les droits d'entrée sur ces laines, soient
aussi considérables, car ils nous empêchent
de produire des draps fins à aussi bas prix
que les peuples voisins ; et si l'entrée des
laines étrangères était libre, nos draps ne
craindraient aucune concurrence extérieure.
La protection que le gouvernement croit devoir accorder à l'éducation des troupeaux

français , est défavorable à notre industrie , sans servir à l'amélioration de la production de la laine , car les cultivateurs trouvant plus de bénéfice à la vente de la viande qu'à celle de la toison , s'efforcent de produire des moutons de haute taille et très-charnus, ce qui nuit à la laine qui est plus grosse sur ces animaux que sur ceux de petite taille.

Les plus beaux draps sont donc fabriqués avec des laines courtes , mais très-fines, car le fil , pour être très-solide , n'a pas besoin de l'emploi de laines longues , la torsion suffit pour réunir les brins , lorsqu'ils sont fins , en un fil qui est d'autant plus solide , que le nombre des filamens dont il se compose est plus grand.

La finesse de la laine se mesure à l'aide de plusieurs instrumens : l'un est le *micromètre* de Daubenton , l'autre le *mesureur* de laine , inventé en Saxe et introduit en France par M. Ternaux ; avec ce dernier instrument qui est très-ingénieux , on apprécie la finesse d'une petite masse de cent brins de laine par l'épaisseur qu'elle occupe ; l'ouvrier le moins habile peut se servir de l'instrument, puisque l'épaisseur de la laine est indiquée par une sorte d'aiguille sur une échelle graduée divisée en millimètres , dont chacun est subdivisé en trois parties égales.

— Mais, lui dis-je , si l'on emploie des laines courtes seulement , à quoi donc servent les longues laines que je croyais préférables aux autres ?

— Elles servent à fabriquer les étoffes de laine non feutrées , ce qu'on appelle étoffes lisses , comme les mérinos , les popelines , les étamines , les mousselines , satins et crêpes de laines , les étoffes dites poils de chèvre , les burets. C'est pour affranchir la France du tribut qu'elle paye à l'Angleterre , pour avoir les longues laines , que le gouvernement favorise actuellement l'importation des béliers et brebis de race pure de *Leicester* et de *Southdown*.

Quand nos laines sont en magasin , nous employons trois opérations avant de les filer ; — 1° les préparatifs pour les garantir des larves de petits papillons nommés teignes , qui les dévorent ; 2° le triage ; 3° le lavage. Les préparatifs consistent à maintenir les murs d'un blanc éclatant pour y apercevoir plus aisément les papillons , et à isoler la laine des murs et du sol ; pour cela , nous établissons , comme vous le voyez , des claies à un pied au-dessus du carrelage , et nous posons la laine sur ces claies en plaçant de distance en distance des papiers gris imbibés d'essence de térébenthine entre les masses de laîne. De quinze en quinze jours, on bat les laines sur les claies avec des bâtons garnis d'un tampon, qui occasionnent la chute des papillons et de leurs chrysalides.

Triage et lavage de la laine.

Pour le triage et le lavage, vous jugerez par vous-mêmes des procédés employés; nous allons suivre ces hommes qui chargent la laine en suint dans leurs brouettes.

Du magasin nous passâmes dans une longue galerie. Là, des femmes et des enfans de douze à quinze ans, assis le long des murs, formaient deux files. Devant chaque travailleur se trouvaient deux paniers et une masse de laine. Le triage se fait en retirant de la laine les pailles, les ordures; en débourrant avec les doigts, les tampons, puis en séparant la laine en deux parties selon sa finesse; chaque partie se met dans un panier à part. Des hommes enlèvent les paniers à mesure qu'ils se remplissent, pour les porter au lavoir, puis les rapportent vides, tandis que d'autres aides tirent de la laine du magasin pour remplacer celle qui a été triée.

De cet atelier, notre guide nous conduisit

au lavoir. Voici ce qui s'y passe : — Des cuves sont rangées sur des espèces de tréteaux, qui les élèvent au-dessus du sol ; un tuyau très-gros, sortant de la chaudière à vapeur, entre dans le haut du lavoir et se divise en autant de branches qu'il y a de cuves, la vapeur en plongeant dans l'eau lui abandonne sa chaleur et la porte jusqu'au degré d'eau bouillante si on le désire ; des robinets ferment chaque branche , de même qu'une soupape bouche l'entrée du gros conduit, afin que la vapeur ne s'y accumule pas sans nécessité. De cette manière on économise une chaudière sous chaque cuve, et on utilise la vapeur qui se perd inutilement dans un grand nombre d'établissemens.

Dans les premières cuves, dont l'eau est à 50 degrés du thermomètre de Réaumur, après y avoir fait dissoudre du savon, on jette les tampons que les trieurs n'ont pu défeutrer. Quand ils y ont suffisamment trempé, on les retire et on ouvre la laine avec des fourchettes de fer. Dans les cuves suivantes, qui contiennent de l'eau, de l'urine et de la potasse, et dont la chaleur est de 45 à 50 degrés, on plonge la laine par masse et on l'abandonne pendant 24 heures sans y toucher. L'eau dissout une partie du suint, dont l'huile se combine avec la potasse et les alcalis de l'urine, pour former une sorte de savon très-propre à dégraisser la laine. On retire les masses, on les met sur des égouttoirs au-dessus des cuves, dont élève la température jusqu'à 60 degrés : puis on y descend la laine par petites portions, et à l'aide d'une fourche en bois on la soulève continuellement ; quelques minutes d'immersion suffisent, on retire la laine à mesure et on la jette dans un panier à claire-voie afin qu'elle égoutte dans la cuve. Lorsque l'eau des cuves devient trop bourbeuse, on la laisse reposer un peu, puis on retire la partie supérieure à l'aide de robinets et on lave le fond. La laine égouttée est portée à la rivière. Sur le bord d'une eau courante on établit les lavoirs à froid, dans de grands paniers entourés de filets, dont le fond est monté sur une bonne charpente ; on y jette la laine, un homme placé dans le panier la foule avec ses pieds, afin que l'eau dissolve le savon, et enlève le reste des impuretés. Trois paniers sont disposés l'un près de l'autre, l'homme du premier panier, après avoir foulé sa laine, la passe dans celui du second, qui la foule et la donne au troisième, celui-ci lui fait subir la même opération, puis la place sur une grande toile, et quand elle est égouttée on la porte au séchoir.

Dans la fabrique de M. R.., il y a deux séchoirs ; l'un est une grande galerie placée au-dessus de l'atelier des trieurs, elle est en charpente, fermée par de grandes persiennes, en sorte que l'air circule partout et sèche la laine placée sur des claies. Mais comme les laines ont beaucoup de difficulté à sécher dans les temps humides et qu'elles gèlent en hiver, M. R. a établi un séchoir chaud, sur le modèle de celui inventé par M. C.** neveu, de Louviers. Le tuyau du fourneau de la chaudière à vapeur est en cuivre jusqu'au sommet de son immense cheminée, il est revêtu d'une maçonnerie en briques qui l'enveloppe, et une seconde maçonnerie aussi de briques entoure la première à une distance de quatre pieds. Cet intérieur toujours chaud, est divisé en étages dans lesquels on place la laine, elle y sèche parfaitement, et la manufacture ne voit jamais ses travaux suspendus faute de laine bonne à employer. Quand la laine est sèche, on lui fait subir un second triage et on la divise en trois qualités, selon sa -finesse ; ainsi préparée, la laine est envoyée dans les ateliers de teinture pour prendre la couleur que l'on veut donner aux draps, car, aujourd'hui, on teint en *laine* et non plus comme autrefois après avoir *tissé l'étoffe*. La teinture de la laine ne se fait pas toujours dans la manufacture de drap, il n'y a que les fabriques du premier ordre qui possèdent une teinturerie. Celle que nous avons vue ici est magnifique, le directeur est un chimiste instruit, élève du savant M. Chevreul des Gobelins. Les cuves de la teinturerie sont disposées comme celle du lavoir de laine, et chauffées de même par la vapeur; c'est un art difficile que celui de bien teindre, je ne pourrais sans être extrêmement long, décrire tous les procédés employés pour chaque nuance que la laine doit recevoir, mais voici sommairement les principales opérations.

L'art de la teinture.

L'art de la teinture a pour but de fixer les couleurs sur la laine, le fil, le coton, la soie; les procédés varient suivant la matière du tissu qui doit être teint. Comme les couleurs s'attachent difficilement à ces matières, on est obligé de les imbiber d'abord de substances nommées *mordans*, qui les rendent plus susceptibles d'absorber la matière colorante.

Les mordans sont tantôt des acides, tantôt des sels, tantôt des principes astringens extraits de certaines plantes. La laine doit recevoir le mordant à une haute température, au degré de l'eau bouillante. L'opération par laquelle on pénètre la laine, du mordant, se nomme le *bouillon*, elle se fait dans une chaudière et dure deux heures et demie, ou trois heures. On plonge ensuite la laine ainsi préparée dans la cuve qui contient la matière colorante, c'est ce qu'on nomme le *bain*. Le bain est bouillant comme le bouillon. Dans ces deux opérations les procédés varient selon la nature des matières colorantes : ainsi, tantôt on mêle une partie de la teinture au bouillon, et on ne donne ensuite qu'un bain à la laine; tantôt, le mordant est pur et la laine reçoit plusieurs bains.

Les mordans pour la laine varient selon la nuance qu'elle doit recevoir. Pour le rouge, le mordant est de l'alun et du tartre; la matière colorante de la garance, du bois de Brésil, de la cochenille ou de la laque. Pour le jaune, le mordant est le même et la matière colorante, la gaude, qui est une plante du genre réséda, et le bois jaune.

Pour le bleu, le mordant est encore l'alun et le tartre, et les matières colorantes, le bois d'Inde ou de Campêche, auquel on ajoute une petite quantité de vitriol bleu (sulfate de cuivre); mais cette couleur s'altère à la lumière et déteint. Le seul bleu qui soit solide, c'est l'indigo. La teinture à l'indigo diffère des procédés usités pour les autres nuances.

On broie d'abord l'indigo dans un moulin, et on le réduit en une poudre impalpable; dans cet état, on l'introduit dans une cuve dont le fond est en ciment et le pourtour en cuivre. L'indigo est mêlé avec un poids égal au sien, de garance et de son, avec trois fois son poids de potasse commune et de l'eau, on chauffe à 40 degrés; l'indigo prend une teinte jaunâtre, ses propriétés chimiques sont modifiées. La teinte jaunâtre devient verte, par le mélange d'une partie de l'indigo non altéré avec celui qui est modifié. C'est alors qu'on plonge la laine dans ce bain; après un quart-d'heure on la retire, sa teinte est verte, mais elle passe au bleu par l'action de l'air. Cette laine n'a reçu préalablement aucun mordant.

Dans certains ateliers, on prépare l'indigo autrement, on le dissout avec de la chaux et de la potasse, et on y mêle une grande quantité de vouède ou pastel, sorte d'indigo indigène, que l'on retire de la plante isatis des teinturiers ou pastel. Les cuves sont à la température de 55 degrés; pour les maintenir propres à la teinture, il faut qu'elles fermentent sans cesse, et les procédés qui entretiennent la fermentation sont très-minutieux.

Le noir s'obtient avec la noix de galle, le sumac, le bois d'Inde et toutes les substances végétales susceptibles de devenir noires par le vitriol vert (sulfate de fer). La laine, pour prendre un beau noir, doit avoir été plongée dans un bain d'indigo, c'est ce qu'on appelle la *piéter* ; les bains de teinture noire doivent être nombreux, et la laine exposée à l'air chaque fois qu'elle sort de la cuve.

Quant aux couleurs composées, on les obtient par le mélange de deux ou plusieurs des nuances dont je viens de parler. Le vert s'obtient en plongeant dans la cuve de gaude des laines teintes en bleu. Le violet en donnant un bain, dans la laque ou la cochenille, à la laine qui sort du bain d'indigo. Les gris sont formés d'une petite quantité de substances colorantes; on les obtient en piétant la laine à l'indigo, puis en la trempant dans des bains de gaude, de garance, de bois jaune et de sulfate de fer, mélangés dans diverses proportions selon la nuance qu'on veut obtenir.

La laine teinte, il faut la filer; ici va commencer une série d'opérations inverses de celles que l'on vient d'exécuter. Toutes les premières ont eu pour but de dégraisser la laine, afin de la rendre susceptible de prendre la teinture; au contraire, on l'imbibe d'huile pour qu'elle puisse se filer.

Cardage de la laine.

Au sortir de la teinturerie, notre guide nous conduisit dans la *chambre* à *ensemer*. On appelle ainsi une pièce qui contient un vaste réservoir de fer blanc plein d'huile, on y *ensème* la laine, c'est-à-dire qu'on l'y plonge pour l'imbiber et lui donner la souplesse nécessaire pour être filée. Cependant la laine n'est pas portée à la filature immédiatement, il faut qu'elle soit cardée et réduite en boudins ou loquettes. C'est alors que commence l'admirable travail de la machine à vapeur. Nous passâmes dans un immense et magnifique bâtiment au centre duquel est placé la machine dont la force égale celle de trente chevaux; c'est le moteur universel qui met en action les machines à carder, à filer, à tondre, à lainer et le moulin à foulon. *L'arbre de couche* de cette machine, sorte d'immense pivot que met en jeu l'ascension et la chute du piston de la pompe, communique le mouvement aux diverses mécaniques. — L'aile droite du bâtiment contient l'atelier des cardes et la filature.

Après avoir mélangé plusieurs qualités de laines, suivant le degré de finesse que doit posséder l'étoffe, on porte le mélange à la machine à carder, ou *Loup*. C'est un tambour d'un mètre de longueur et d'un diamètre égal, qui tourne sur lui-même avec une vîtesse de cent tours par minute, il est armé de broches de fer pointues et recourbées qui se croisent avec d'autres broches, placées dans un cylindre creux qui enveloppe le tambour. La laine descend dans le loup en suivant la pente d'une toile sans fin, et elle ressort cardée du côté opposé. Après cette première opération, elle est soumise à une carde plus fine, qui la débite en loquettes.

Filature de la laine. -- Tissage.

Au sortir de l'atelier des cardes, la laine passe à la filature ; rien n'est plus curieux que de voir les machines tirer la laine, la tordre en fil, et l'enrouler sur des broches ou bobines. Quand la laine est filée, il s'agit de la tisser pour la transformer en étoffes. Le tissage des draps est fait par des tisserands comme le tissage des étoffes de toile, de lin, de chanvre et de coton. Ainsi il faut monter une chaîne, composée de fils parallèles de la longueur que doit avoir la pièce de drap, c'est là l'ouvrage de l'*ourdisseur*. Dès que la chaîne est montée, il la livre à l'*encolleur*, qui l'enduit de colle pour lui donner de la résistance et empêcher que les fils ne se brisent sur le métier du tisserand.

On a essayé de faire mouvoir les métiers à tisser par la machine à vapeur; mais on n'a pu jusqu'à présent parfaitement réussir. Le métier du tisserand est une espèce de cage, formée de six montans verticaux, et de huit traverses horizontales, solidement assemblées; un battant, suspendu aux traverses du haut, renferme le *peigne* ou *rot* qui rapproche fortement les fils de la trame, à chaque coup du battant frappé par le tisserand. Des *lisses* soutiennent la *chaîne*, de manière à ce qu'en appuyant sur les *pédales* ou *marches* du métier, l'ouvrier en élève la moitié et abaisse l'autre; par un mécanisme ingénieux, une *navette volante*, qui porte le fil de la *trame*, passe dans l'ouverture de la chaîne et y entrelace la trame, ce croisement des fils forme le *tissu* que les coups du battant consolident. A mesure que l'étoffe se fabrique, elle s'enroule sur un tambour; et l'on déroule, du côté opposé, une quantité égale de chaîne enroulée sur un autre tambour.

La pièce de drap, sortie du métier, est soigneusement examinée par un contre-maître pour en découvrir les défauts, elle passe ensuite entre les mains de femmes appelées *nopeuses*. Une nopeuse, avec du fil d'une couleur autre que celle du drap, marque le nom du manufacturier et sa demeure; puis, aidée de ses compagnes, elle dédouble les fils doubles, rapproche ceux qui sont éloignés, puis d'autres femmes, les *épinceteuses*, *époutissent* le drap, c'est-à-dire, enlèvent les nœuds, retirent les pailles et la laine mal serrée. Dans cet état, la pièce de drap ressemble à un tissu grossier à longs poils, rien n'annonce encore l'étoffe fine, soyeuse et brillante, qui servira de vêtement à un élégant. Il faut encore que la pièce soit foulée, tondue, lainée et apprêtée. Le foulage se fait dans le moulin à foulon, il est destiné à retirer de l'étoffe, l'huile qui a imbibé la laine avant le *filage* et la colle de la chaîne à feutrer, c'est-à-dire entrelacer les poils de la laine de manière à ce qu'on ne voie plus la texture de l'étoffe, enfin à en diminuer l'épaisseur.

Le moulin à foulon.

M. R... nous conduisit au moulin à foulon ; il nous apprit que tous ne sont pas semblables à celui de cette fabrique, qui est à maillet, qu'un autre système emploie des pilons. Les maillets sont préférables pour le foulage des draps fins, les pilons conviennent mieux aux grosses étoffes. C'est la machine à vapeur centrale qui meut les maillets ; ils sont levés l'un après l'autre et retombent de tout leur poids sur l'étoffe placée dans une auge, et imbibée d'argile à foulon, d'urine et de savon. On donne plusieurs foulages, d'abord pour dégraisser, puis pour feutrer, le dernier se fait au savon. Après le foulage vient le lainage et le tondage. Lainer le drap, c'est en tirer la laine dans un, sens, afin d'en recouvrir toute la surface. On laine à plusieurs reprises et on tond après chaque lainage. La machine à lainer ressemble au loup ou machine à carder , c'est un tambour cylindrique, garni de têtes de chardon à foulon, dont les pointes sont tournées dans le même sens ; la machine à vapeur met le cylindre en mouvement. La pièce de drap enroulée autour d'un autre cylindre, trempe dans une cuve pleine d'eau ;

à mesure que le drap est déroulé, il est soumis à l'action des pointes du chardon, qui tirent le poil dans la même direction, le cylindre laineur tourne très-rapidement. On dit que le lainage est à sa première, deuxième ou troisième eau, selon le nombre de fois que le drap a été soumis à l'action de la machine.

Les draps grossiers reçoivent une eau ou un lainage ; les communs deux, les fins quatre. A chaque lainage on emploie des chardons des plus fins.

Le drap, en quittant la machine à lainer, est porté dans une étuve chauffée par un calorifère qui le sèche en quelques heures ; il sort de l'étuve pour être livré aux tondeurs. Le tondage sert à donner à l'étoffe de la finesse, il découvre la corde du drap, afin que les têtes de chardons dans les lainages suivans, puissent atteindre profondément le feutrage pour en démêler les poils et les amener à la surface. Il découvre les défauts du drap, et on y remédie aussitôt. Souvent le drap, en sortant du moulin à foulon, est rempli de déchirures, des femmes font des reprises invisibles, que les derniers lainages recouvrent parfaitement. Autrefois, le drap se tondait avec de grands ciseaux maniés par des ouvriers, on emploie actuellement des machines tondeuses, qui exécutent le travail infiniment mieux.

Les machines à tondre.

La première tondeuse a été inventée en 1790, par M. Delarche, d'Amiens. D'autres, plus perfectionnées, sont dues à un fabricant de Leeds en Angleterre, l'écossais Douglas les introduisit en France. On se sert aujourd'hui de trois tondeuses; 1° la tondeuse à table ; 2° celle d'Abraham Poupart, 3° et la tondeuse de John Collier. Toutes trois sont en usage dans la manufacture de M. B...., c'est la machine à vapeur qui les fait mouvoir. La première sert au premier *tondage*, c'est une table sur laquelle passe la pièce de drap, et à mesure qu'elle avance, des forces ou grands ciseaux coupent le poil. La seconde est une lame qui se meut en zig-zag et tond d'assez près, elle sert au second *tondage*. La troisième machine achève le travail pour les draps fins ; c'est un cylindre garni de lames disposées en spirale, qui coupent dans un sens et tondent du plus près possible la pièce de drap qui passe comme au laminoir.

On conçoit que ces opérations réitérées de lainage et de tondage, doivent diminuer de beaucoup l'épaisseur du drap, elles le rendent mince, souple, fin; mais c'est aux dépens de sa solidité. Quand la pièce de drap est bien tondue, on la passe à la rame. Dans une pièce très-vaste, on tend le drap humide sur un chassis qui s'écarte à volonté, là s'effacent tous les plis de la pièce, et elle prend une largeur égale dans toute son étendue. Ceci achevé, la pièce est déployée sur une table dans une salle bien éclairée, les *épinceteuses* l'examinent attentivement, et achèvent d'en retirer les inégalités qui pourraient rester. Ensuite on opère le couchage des poils et le lustrage, c'est encore un cylindre mu par la machine à vapeur qui couche et lustre ; ce cylindre est garni d'un côté de poils rudes de sanglier, et de l'autre d'un mélange de résine, de grès pilé et de limaille de fonte, tamisé ; ce mélange, qui a été étendu à chaud, durcit et prend la consistance d'une pierre. On arrose légèrement le drap à mesure qu'il passe sous le cylindre. Après le couchage, on plie la pièce en deux dans le sens de sa longueur, lisière contre lisière et l'endroit en dedans, puis en la repliant sur elle-même, on en fait un rouleau qu'on porte à la presse.

L'apprêt.

Ce sont les *apprêteurs* qui terminent la confection du drap, ils lui donnent le *cati*. On distingue deux *cati*, celui à chaud et le *cati* à froid. Celui à chaud n'est plus guère usité, parce qu'il donne au drap l'inconvénient d'être taché par l'eau, ou bien il faut lui ôter son lustre, ou le *décatir* avant d'en faire un vêtement. Pour le *cati* à froid, on met des cartons entre les plis du drap, puis on le soumet à l'action d'une forte presse hydraulique. Quelques manufacturiers lustrent ou *catissent* le drap à la vapeur. — On presse deux fois le drap pour achever son apprêt.

Lorsque ces innombrables façons se trouvent enfin terminées, on *endosse* le drap, c'est-à-dire qu'on l'enveloppe de sa tête, dont on sépare un bout de la lisière sur laquelle est placée la marque, puis on l'enveloppe de papier et d'une toile d'emballage que l'on coud par les deux extrémités ; les draps ainsi entoilés, passent de la fabrique dans les magasins des commerçans. Telles sont les nombreuses manipulations que nous avons vues en détail dans la fabrique de M. B... et dont je n'ai pu donner qu'un aperçu sommaire.

L'avantage des machines.

Lorsque nous eûmes parcouru toutes les parties si nombreuses de ce magnifique établissement, frappé du grand nombre d'ouvriers que j'y avais vu , je ne pus m'empêcher de dire à notre cicérone : Mais , monsieur, quel avantage y a-t-il donc dans l'emploi de ces belles machines, s'il faut en outre occuper autant de bras ? Cette question le fit sourire ; nous comptons ici, dit-il, huit cents ouvriers , mais il en faudrait bien dix fois plus pour produire le même nombre de pièces de drap, si nous n'avions pas les machines.

— Et croyez-vous , reprit mon frère Valentin, qu'il y ait pour la classe ouvrière , un intérêt réel dans l'usage qu'on en fait ; ne sont-elles pas pour les travailleurs une concurrence redoutable ?

— Le penseriez-vous sérieusement , monsieur ?

—Si ce n'est pas mon opinion personnelle , c'est du moins celle d'un grand nombre d'hommes , dont quelques-uns ont de l'ascendant sur l'esprit public.

— Et cependant cette opinion n'est qu'un préjugé.

— Comment le prouverez-vous ?

'— Par un raisonnement bien simple.

Quel est le but que doit se proposer un manufacturier ? celui-ci, produire beaucoup, et au meilleur marché possible. S'il y parvient, quel en est le résultat ? d'ouvrir un débouché à ses produits par leur bas prix et de se mettre ainsi à même d'augmenter sa production. Qu'en revient-il à la classe ouvrière ? deux avantages : 1° le manufacturier, malgré ses machines, emploie plus de bras ; 2° la classe ouvrière, excitée par la modicité du prix des marchandises, se met au nombre des consommateurs ; partant, double profit : voici pour la théorie économique. Maintenant permettez-moi des exemples à l'appui. Il y a quarante ans, l'emploi des machines était inconnu dans l'art du drapier. Que coûtaient les draps ? soixante, quatre-vingt, quatre-vingt-dix francs l'aune. Qui pouvait en faire usage ? Les riches, les bourgeois et encore souvent ces derniers usaient-ils à peine deux habits dans le cours de leur vie. Pour les ouvriers et les paysans, la toile les couvrait en été comme en hiver. Employait-on alors plus d'ouvriers dans les fabriques de draps qu'aujourd'hui ? Bien loin de là, on n'en employait pas la centième partie, et

Dieu sait combien elles étaient chétives, les fabriques d'alors.

Aujourd'hui que nous avons des machines, nos plus beaux produits valent vingt-cinq francs, le nombre des ouvriers a centuplé, toutes les classes sont vêtues de drap, toutes consomment, ce qui est dans le bien-être matériel une amélioration immense ; le prix des journées de travail est très-élevé, l'ouvrier peut avec de l'ordre se créer de l'aisance ; que l'on ose donc accuser les machines, et calomnier ceux qui les emploient.! que l'on ose désigner ces hommes à de pauvres ignorans, comme des monstres qui retirent le travail à la classe ouvrière pour s'enrichir à ses dépens ! Je suis persuadé que chaque nouvelle machine crée de l'ouvrage à des milliers de bras ; car elle résout le grand problème, d'augmenter la consommation en produisant au meilleur marché possible. Et remarquez bien, monsieur, qu'il en est de même dans toutes les industries. Voyez à quel prix sont aujourd'hui les toiles, les étoffes de coton de tous genres, les mérinos., les soieries ? Comparez avec le passé, faites-vous représenter une statistique des travailleurs dans les fabriques anciennes et dans celles d'aujourd'hui ? Examinez le prix relatif des journées d'autrefois et des journées que gagnent nos ouvriers, alors vous bénirez les machines. Merci, mille fois merci, dit mon frère Valentin, je partageais votre opinion, mais j'ai eu la curiosité de connaître les argumens que vous opposeriez aux détracteurs des améliorations modernes, et je n'ai qu'à m'en féliciter, jamais je n'ai entendu un plaidoyer plus simple, plus clair et plus convaincant sur ce sujet.

Mon père retint à dîner cet estimable jeune homme, qui ne nous quitta que fort tard, et dont nous eûmes le plaisir de cultiver la connaissance pendant les deux jours que nous restâmes encore à Elbeuf. J'ajouterai ici, et j'espère ne pas déplaire à mes amis lorsqu'ils me liront, cet aperçu qu'il nous a donné sur la production des fabriques de drap en France.

Elbeuf, Sédan, Louviers, Beaumont-le-Roger, sont les villes qui fabriquent les plus beaux draps français. Castres, dont les manufactures ne datent que de 1814, produit de très-heaux casimirs, des cuirs de laine et des draps croisés fort légers, qui s'exportent dans le Levant. Tours, Limoux et Beauvais, imitent très-bien les draps de Louviers; Lodève, Rouen, ceux d'Elbeuf; Mont-Luel, Vienne, Châteauroux, Carcassonne,

Clermont, Bédarieux, Bourges, Limoges, Troyes, Vire, fabriquent beaucoup de draps communs, surtout ceux qui servent à l'habillement des troupes. On évalue à 264 millions, la valeur totale des produits de toutes nos manufactures de draperie, et la ville d'Elbeuf en fournit à elle seule pour 40 millions. L'exportation à l'étranger vaut à la France 23,700,000 fr., de sorte qu'on en consomme dans l'intérieur pour 204,300,000 francs.

Rouen.

Rouen, 18 mai.

Le beau spectacle que celui des merveilles qu'enfante le génie, lorsqu'il se consacre aux plus utiles des travaux, à ceux qui font avancer la civilisation, en améliorant la condition de toutes les classes de la société! Que pouvait donc être le sort du serf et du paysan d'autrefois, puisque l'humble habitation de l'ouvrier de nos villes manufacturières, renferme plus de *comfort* que les demeures des chevaliers et des suzerains ; puisque les étoffes les plus communes aujourd'hui, celles qui révêtent le fermier et le journalier, eussent été alors du plus grand

luxe et d'un prix exhorbitant ? Où les sociétés marchent, elles sont en progrès, c'est
en vain qu'on le voudrait nier ! Nous avons
vu Rouen et Darnetal, nous avons vu leurs
innombrables manufactures, nous avons vu une
immense population se livrer joyeuse à des
travaux qui font sa richesse, tout en répan-
dant l'aisance dans la patrie entière, et il
a fallu admirer ! Et cette belle nature, cette
verte et féconde Normandie, avec ses côteaux
boisés, ses gras pâturages, était éclipsée par
les œuvres de l'homme qui excitaient notre
enthousiasme, et cependant quel riche pays !
quels sites ! quelle poésie !

Comment décrirais-je les travaux de la population de cette capitale de l'industrie ?
Comment raconter sans nuire au récit par
l'abondance des détails, la multiplicité des
procédés, le mécanisme des ingénieuses machines. La tâche est au-dessus de mes forces,
car tout un volume n'y suffirait pas.

L'industrie du coton domine à Rouen et
Darnetal, comme celle de la laine à Evreux
et à Louviers.

Historique du Coton.

Voici ce que mon père nous apprit touchant le coton. Cette espèce de duvet végétal, est le produit de la fructification de plusieurs plantes du genre *cotonnier* (Gossypium). Ces plantes croissent spontanément dans l'Asie équatoriale, et dans l'Afrique , surtout dans le pays des Aschantis. Les Chinois et les Japonais cultivent le cotonnier depuis un grand nombre de siècles. Ou-ti , empereur chinois, qui régnait en 502, était vêtu d'étoffes de coton lorsqu'il paraissait en public. Le Byssus des anciens était notre cotonnier, les Egyptiens ont dû le cultiver, car ils acquirent une grande renommée dans l'art de tisser des toiles fines de Byssus, et l'on trouve sur leurs momies des bandelettes de toile de coton, aussi fines que notre mousseline. Hérodote est le premier des écrivains grecs qui fasse mention du *coton*. Pline parle d'un arbrisseau que l'on cultivait de son temps dans la Haute-Egypte , qui portait un fruit semblable à une noix ; il ajoute que ce fruit était rempli d'une laine qu'on filait. Dans la langue Sanscrite, ou des anciens Indiens, le nom du coton et des étoffes qu'on en fabriquait, est *Karpasam*.

6

Parmi les modernes, le nom de coton, se trouve employé pour la première fois dans les écrits de Jacques de Vitri, mort en 1244. « L'Orient, dit-il, produit des arbrisseaux, » qui donnent le bombax, appelé coton par » les Francs; cette matière qui participe de » la laine et de la soie, sert à faire des » étoffes. »

Le mot coton est arabe, il s'écrit q'hotton, dans cette langue; il est formé du nom de la ville indienne Cottonava, aujourd'hui Canara, port de la côte de Malabar, d'où les vaisseaux arabes et ceux des rois d'Égypte, de la dynastie macédonienne des Lagides, le tiraient.

C'est en 1580, que l'industrie du coton a pris naissance en France; un Lyonnais établit une manufacture de basin, ses ouvriers étaient Piémontais et Milanais. Le basin eut tant de succès, qu'il employa bientôt deux mille ouvriers. On en exportait pour un million en Espagne et en Portugal. Marseille, ensuite les villes si actives de la Flandre, fabriquèrent du basin à l'instar de Lyon. En 1747, les Anglais inventèrent le velours de coton. Puis, dans notre siècle, on chercha les moyens d'imiter les perkales, les calicots et les mousselines de l'Inde; les efforts que l'on fit produisirent les ingénieuses mécaniques à filer de Hargreaves et de Richard Arkwright. La chimie s'étudia à préparer des mordans pour fixer la teinture sur le coton. Elle ne réussit d'abord que pour le bleu et lé rouge ; puis elle parvint à le teindre en toutes nuances.

La fabrication des étoffes de coton, fait vivre aujourd'hui une immense population. En 1821, les manufactures anglaises exportèrent de ces étoffes pour une somme de 80 millions sterlings. En France, la villé de Saint-Quentin à elle seule, fabrique annuellement pour une somme de 5,989,000 francs d'articles de coton. Dans la ville de Mulhouse, 11,637 ouvriers travaillent aux filatures et aux étoffes de coton ; 5,390 hommes de peine et domestiques, sont en outre employés dans les fabriques. Les filatures de cette ville font mouvoir 154,024 broches. Les tisserands occupent 1,669 métiers, et les imprimeurs 2,713 machines à imprimer.

La *mousseline* est la plus belle des étoffes de ce genre, son nom vient de *Mossul*, ville située sur le Tigre, d'où l'Europe l'a tirée long-temps. Le *calicot* est une toile de coton commune, son nom vient de la ville indienne de *Calicut* où l'on en fabrique beaucoup. La *perkale* est plus fine que le calicot, cette étoffe est ainsi appelée en Tamoul, langue d'une partie de l'Inde méridionale : *perkale* signifie toile très-fine.

Les *nankins*, sont des calicots jaunes, qui se fabriquent dans la ville de Nan-King, en chine. Ils sont faits avec un coton naturellement jaune, indigène de la province de Kiang-Nan. On l'imite en France et en Angleterre ; mais il ne conserve pas sa teinte parce que elle est artificielle, tandis que le nankin chinois n'est pas teint. Malheureusement le coton jaune de Kiang-Nan perd sa couleur naturelle, lorsqu'on le transplante hors de son terroir natal. On vient de découvrir dans les forêts du Brésil, une autre espèce de cotonnier jaune, qui a permis de faire du nankin capable de rivaliser avec celui de la Chine. En 1825, on a trouvé aux environs de Santa-Fé, de Bogota, de grands arbres produisant un coton brun, long et très-brillant.

L'Égypte, l'Inde, l'Amérique méridionale, les Antilles, cultivent une masse énorme de coton qui alimente nos manufactures d'Europe ; bientôt il faut l'espérer, notre belle possession d'Alger pourra affranchir la France d'une partie du tribut qu'elle paye à l'étranger. L'importation des cotons en France et en Angleterre, en 1824, a été de 633,874 balles.

Le coton se file au moyen de machines mues par un courant d'eau ou par la vapeur, il se tisse avec le métier à tisserand comme toutes les toiles, quelques-uns, mais encore en petit nombre, sont mis en activité par la vapeur. Rouen et Darnetal fabriquent des calicots, des perkales, dés toiles peintes dites Indiennes, dont les dessins sont imprimés à la mécanique, des mouchoirs imitant les madras et autres tissus de l'Inde, quelques mousselines et des tulles.

19 mai.

Dans une de nos courses autour de Rouen, nous recueillîmes le récit intéressant que je vais consigner ici.

La maison de Lavallée.

Nous avions suivi en remontant, un ruisseau que reçoit la Seine au-dessous de Rouen; il arrose une étroite vallée, dont le fond est tapissé par de verts pâturages semés de peupliers, et de majestueux saules au feuillage argenté, que la hache n'a jamais émondés,

6..

et qui ne ressemblent en rien à ces tristes
et disgrâcieux saules, réduits à une écorce
vermoulue, qui s'inclinent humblement dans
la plupart des prairies ; de chaque côté s'é-
lèvent des collines en amphithéâtre, boisées
dans toute leur étendue.

Après une demi-heure de marche, nous
atteignîmes la source du petit courant d'eau,
elle jaillissait du pied d'un monticule qui
ferme le vallon et unit les deux chaînes de
collines. Une jolie maison entourée de magnifiques gazons couronne le monticule ; et
derrière, le parc confond ses pins d'Italie,
ses tulipliers et ses catalpas, avec les hêtres
et les chênes de la forêt. Le goût le plus
pur a présidé aux constructions et au dessin -
des jardins de cette demeure. Là, point de
murs pour borner la vue, un fossé large et
rempli par une haie d'acacias, bien taillés,
défend l'approche de l'habitation sans nuire
à l'ensemble du paysage. On peut jouir du
dehors des beautés pittoresques du jardin :
sur les pelouses s'élèvent des groupes de
magnoliers, des buissons de rosiers, de
rhododendron, des statues de marbre, copies
des antiques les plus célèbres, des massifs de
dahlias et de géranium. Un paysan nous apprit le nom du maître de cette villa, c'est
M. O..... ; il nous était inconnu, mais à

Rouen, il est un des personnages les plus remarquables et les plus justement estimés
nous apprîmes tous les détails de sa biographie.

L'honneur d'un père.

M. O... est le fils d'un agent de change célèbre par son immense fortune, son luxe et sa chute rapide. Les désastres des dernières années de l'empire, entravant les opérations commerciales et financières, causèrent la faillite d'un grand nombre de maisons. Celle de M. O... fut entraînée une des premières. M. O... n'avait pas toujours été prudent, les dépenses énormes qu'il avait faites, le privèrent de ressources qu'une économie bien entendue lui aurait ménagées pour ces jours de deuil et de reve .

Surpris par la promptitude du désastre, ses caisses contenaient des valeurs trop faibles pour faire face aux remboursemens que la frayeur générale portait à exiger impérieusement.

M. O... suspendit ses paiemens, et ses créanciers le firent déclarer en faillite, on vendit ses biens, ses rentes. Comment subvenir aux besoins d'une famille accoutumée aux jouissances de l'opulence et qui n'avait jamais pensé qu'une telle misère pût l'atteindre ? La femme et la fille de M. O..., réduites à travailler pour vivre, moururent peu de mois après, du chagrin que leur causait la perte de leur fortune. M. O... les suivit bientôt dans la tombe. Il ne restera plus de cette famille naguère si brillante, qu'un jeune homme de quinze ans, qui dût sortir de la pension où il était élevé, et renoncer à l'instruction qu'il acquérait avec plus d'ardeur que n'en apportent ordinairement les enfans nés de familles riches.

Alfred O... était homme de cœur, le malheur mûrit subitement sa raison, il comprit qu'il avait un grand devoir à remplir, celui de réhabiliter l'honneur de son père. La tâche était difficile, M. O... en mourant devait encore avoir trois cent mille francs. Un parent plaça le jeune homme dans les bureaux d'un banquier ; Alfred se mit au travail avec opiniâtreté, décidé à parvenir, et à payer les créanciers de son père.

Par une assiduité soutenue, une intelligence profonde, il se fit remarquer du chef de la maison qui bientôt le chargea de la correspondance, puis de plusieurs négociations importantes. Constamment il réussit, et le banquier crut devoir s'attacher un homme doué de si grandes capacités, en lui donnant un intérêt dans sa maison. Alfred gagna dès lors de sept à huit mille francs par an ; sa dépense n'en augmenta pas d'un sou, et les autres commis déclarèrent unanimement qu'Alfred était un avare, un ladre, un ours insociable, car il ne voulait être d'aucune de leurs parties, et on ne se souvenait pas de l'avoir vu une seule fois, soit dans une salle de spectacle, soit dans une réunion où il fallut payer l'entrée. Alfred dînait trois fois par semaine dans un des plus modestes restaurans de Paris, et les autres jours dans sa chambre, qui continuait d'être l'humble mansarde, pauvrement meublée qu'on lui avait accordée à son entrée dans la maison.

Cette conduite qui avait paru très-raisonnable au banquier, quand son commis ne gagnait que six cents francs, lui parut ridicule dans son associé, dont les bénéfices augmentaient chaque année. Il crut lui devoir faire des reproches, mais le bon fils ne répondit que par un soupir et renferma soigneusement son secret dans son cœur. Le banquier quitta Alfred, persuadé qu'il était en proie à la passion de l'or la plus honteuse, et il conçut une vive défiance contre son associé. Cependant il n'avait aucun motif de s'en plaindre, et la crainte de se priver de talens incontestables qui lui étaient devenus nécessaires, l'empêcha de se séparer d'Alfred.

Le banquier dut faire un voyage à Londres, pendant son absence il lui fallut remettre la direction de sa maison à son jeune associé ; cependant, craignant qu'il ne fût entraîné à quelque action blessant la probité, par la soif de l'or qu'il lui supposait, il lui adjoignit son caissier comme conseil ; mais, en secret, comme surveillant.

Quelques semaines après le départ du chef de la maison de banque, arriva un riche financier de Vienne pour conclure à Paris un emprunt important. Il se présenta chez le patron d'Alfred, un soir assez tard ; les bureaux étaient fermés, mais comme il avait à communiquer quelque chose d'essentiel à son opération, il voulut parler à l'associé du banquier absent. On le conduisit à la mansarde d'Alfred, qu'il trouva travaillant dans ce réduit où tout annonçait la pauvreté. Une chandelle éclairait la triste demeure ; Alfred voyant entrer un étranger, prit une allumette, enflamma la mèche d'une seconde chandelle, puis cassant l'allumette en deux replaça soigneusement sur sa cheminée le

Pardon, Monsieur, j'ai cru que vous étiez l'associé.

(page 107.)

côté encore souffré. L'étranger surpris de ce qu'il voyait, crut qu'il avait été mal compris, et prenant la parole dit :

— Pardon, monsieur, mais j'avais demandé l'associé de M. A...

— C'est moi, monsieur, répond Alfred.

— C'est vous !

— Ces mots furent prononcés avec étonnement, un sombre nuage passa sur la figure de l'étranger, on put y lire l'expression de la défiance. Il se tut un instant, puis ajouta :

— Alors je vous prie de m'excuser, mais j'avais eu, probablement, des renseignemens trompeurs sur votre maison, l'affaire que je venais vous proposer ne peut lui convenir, et son œil parcourait dédaigneusement la mansarde. Alfred rougit ; il sonna.

— Un instant, monsieur, je vous prie, nous allons passer dans un lieu plus convenable. Un domestique se présenta.

— Jean, allumez les lampes et faites du feu dans le cabinet. L'étranger insista pour se retirer, mais il le retint.

— Monsieur, quelle affaire vous amenait ici ?

— Un emprunt à conclure pour une puissance du Nord ; le nom du chef de votre maison se trouve au nombre de ceux des capitalistes avec lesquels je dois traiter ; mais je ne puis entrer en négociation avec vous, d'ailleurs mes momens sont précieux, souffrez donc que je vous quitte.

— Le domestique entra ; les ordres de monsieur sont exécutés, dit-il, et portant une bougie il précéda l'étranger et Alfred dans le cabinet du banquier. Il était meublé ec luxe ainsi que le salon qu'il fallait traverser pour y entrer. Cependant l'étranger n'avait pas repris confiance, l'absence du hef de la maison, le travail nocturne du jeune associé dans un lieu retiré, la scène de l'allumette qui indiquait le dénûment, lui fit penser que la maison de banque préparait une faillite.

— Monsieur, dit-il, avec une sorte d'embarras, je suis désolé de vous avoir dérangé de votre travail, mais ce ne peut être que le résultat d'une erreur qui m'a conduit chez vous, ainsi donc...

— Une erreur ? reprit vivement Alfred, non monsieur, non, et je comprends parfaitement tout ce qui se passe dans votre âme ; je suis cause de la défiance que vous venez de concevoir, mon bienfaiteur le chef de cette maison, n'en doit pas porter la peine ; c'est une explication que je serai contraint de vous donner dans son intérêt, c'est un secret qui ne concerne que moi seul et que je comptais renfermer encore pour long-temps dans mon cœur, qu'il faut que je vous révèle. En parlant ainsi, Alfred soupira, des larmes roulèrent dans ses yeux.

— Jeune homme, je ne suis pas venu ici pour surprendre vos secrets, dit l'étranger avec bienveillance.

— Il faut cependant que vous les connaissiez pour l'honneur de notre maison, mais je vous en conjure, sur ce que vous avez de plus cher, que notre entretien ne soit jamais connu que de vous seul. Sous le rapport de la probité ma réputation est intacte, mais si vous interrogez l'opinion publique sur mon caractère, vous apprendrez que je suis d'une avarice exagérée, que j'ai la passion de l'or, et que je me prive de tout pour la satisfaire. Voilà, monsieur, ce que vous dira de moi la société tout entière, voilà ce qui vous explique la chétive mansarde qui me sert d'asile, et tout ce que vous avez pu y remarquer de parcimonieux. Mais, monsieur, sans être injuste envers moi, combien la société, qui ne peut juger que sur les apparences, est dans l'erreur ? Elle ignore tout ce que je souffre par fois , car ma conduite éloigne de moi tous les cœurs, je n'ai pas d'amis !... il faut et il faudra peut-être que je vive seul , sans affections, sans espoir de me créer un jour une famille !...

Il faut que le but que je me propose soit aussi religieusement saint qu'il l'est, pour que je persévère, pour que je supporte patiemment le poids de la réprobation qui pèse sur moi ; sur moi, naturellement généreux, et que mon caractère aurait porté à la prodigalité, si je n'avais su la contraindre... J'ai un grand devoir à remplir, monsieur, c'est là le mobile de ma conduite... Mon père était le célèbre agent de change O..., il a fait faillite entraîné par les événemens, il est mort en me léguant une dette de 300,000 francs, et je me suis fait le serment de l'acquitter, de réhabiliter le nom de ce père chéri ; je l'ai fait, je le tiendrai, quoique l'époque en soit encore éloignée.

Maintenant vous savez tout, mais sachez-le seul, c'est ce que j'exige de votre loyauté. L'étranger ému intérieurement, maîtrisa ses sensations sous l'apparence d'un calme glacial, il se leva, salua sans prononcer un mot et se retira. Alfred ne savait que penser de l'action du banquier allemand ; il le jugea très-sévèrement, mais se désespérait d'avoir privé son patron de l'occasion de participer à une affaire importante.

Pour prévenir le retour de scènes semblables, il décida qu'il prendrait un appartement plus convenable à sa position. Il fut même tenté de convoquer les créanciers de son père, et de leur partager quatre-vingt mille francs qu'il se trouvait posséder. Mais de nouvelles réflexions lui démontrèrent qu'il acquitterait plus rapidement la dette en faisant valoir cette somme, et en accumulant annuellement les intérêts sur le capital.

Deux jours s'étaient écoulés, lorsque l'étranger se présenta de nouveau et demanda Alfred en particulier. Il avait voulu s'assurer de la position réelle de la maison d'Alfred, et partout on lui en vanta le crédit. Il avait vérifié le fait de la faillite O.... Dans le monde, il recueillit l'accusation défavorable dont on chargeait l'héroïque jeune homme, que lui seul pouvait admirer.

— M. O..., lui dit-il, en lui serrant la main avec affection, vous ne serez plus sans ami, désormais comptez sur moi. Ma confiance en vous est si bien établie, que je cède à votre patron un tiers de mon emprunt.

quand je ne lui en aurais négocié qu'un sixième ; et à vous un autre tiers, à deux pour cent, au-dessus des traités que j'ai conclus avec les capitalistes de Paris. Le placement en est assuré ; je serai heureux si le bénéfice qu'il vous procurera vous met à même de satisfaire les créanciers de votre père et de réhabiliter votre réputation.

— Quoi, monsieur ! je vous devrais tant de bonheur ? mais votre don est trop considérable, beaucoup plus qu'il ne le faut pour m'acquitter.

— Acceptez, Alfred, je le veux ainsi.

— Mais par quel témoignage de reconnaissance pourrai-je vous...

— Assez, mon ami, pour le moment le don de votre cœur me suffit, peut-être pourrez-vous par la suite me rendre à votre. tour un service.

— Je souhaite qu'il puisse être aussi grand que celui dont je vous suis redevable.

— Peut - être bien ; mais, pour preuve d'amitié, nous échangerons nos portraits.

Alfred et l'étranger se virent tous les jours, pendant le mois que celui-ci passa à Paris. L'emprunt fut *couvert* en quelques semaines, parce qu'il avait les meilleures garanties, et il rapporta six cent mille francs de bénéfices au jeune O... pour son tiers. Plein de joie, Alfred convoqua les créanciers de son père, les remboursa intégralement, et bientôt le bon fils eut la joie d'entendre rapporter l'arrêt de faillite, et rétablir par un jugement l'honneur de sa famille. Aussitôt il se répandit dans la société, et s'y disculpa promptement en tenant une conduite convenable à son rang. Ses louanges retentirent partout, lorsqu'on sut l'honorable cause de son avarice prétendue. Six mois après le départ du banquier de Vienne, il en reçut la lettre suivante :

« Mon bon ami,

« J'ai réclamé de vous un service, l'occasion de me le rendre n'a pas tardé à se présenter, je vous somme donc de me tenir votre parole. Le récit de votre beau trait d'amour filial a touché le cœur de ma fille, elle est allemande, c'est-à-dire que son âme est remplie d'une poésie rêveuse et toute de sentiment ; elle vous aime, mon bon ami, et votre figure ne lui plaît pas moins que votre caractère. N'allez pas vous effrayer de cette brusque déclaration , que je me permets à son insu ,. mais , je vous prie , rendez-lui sentiment pour sentiment pour sentiment. Ma fille est jeune et jolie , c'est assez , je crois , pour vous disposer en sa faveur , car je sais que votre cœur est libre. Je ne chercherai donc pas à vous captiver par l'annonce de deux millions de dot ; quand on est aussi désintéressé que vous , l'argent ne compte pour rien dans une aussi grave affaire.

» Je vous le répète donc , mon Alfred , mon fils , je vous somme de vous libérer de la dette que vous avez contractée envers moi ; faites le bonheur de ma Léonie , c'est mon unique enfant , la bien-aimée de ma vieillesse , c'est un ange que je vous confie , et il ne fallait pas moins que toutes vos vertus pour l'obtenir.

» Partez pour Vienne aussitôt que vous aurez terminé les préliminaires indispensables à votre changement de situation. Mon intention est de fonder à Paris une maison de banque , sans toutefois abandonner celle que j'ai ici ; vous serez mon associé et mon gérant en France. Adieu , mon fils , qu'il me tarde de vous embrasser et de vous voir près de ma Léonie !

K....

— 115 —

C'est ainsi que l'héroïque amour filial du jeune O... reçut toute la récompense qu'il méritait. Après son mariage avec Mlle Léonie K..., il s'établit à Paris où il prospéra rapidement. Aujourd'hui il jouit d'une immense fortune, il a établi près de Rouen plusieurs fabriques importantes, et a fait construire la jolie maison de la Vallée, où il passe chaque année plusieurs mois.

Dieppe.

Dieppe, 21 mai.

Demain nous quittons la France, notre passage est retenu sur un magnifique paquebot à vapeur anglais. Ma mère l'a visité aujourd'hui, et ses craintes se sont un peu calmées en voyant la distribution intérieure du bâtiment, qui met les passagers à l'abri des désastres d'une explosion ; ce qui la rassure presque complètement, c'est l'affluence des voyageurs qui doivent faire route avec nous, on ne s'expose pas en si grand nombre quand il y a quelques dangers à courir.

Dieppe est une ville que la mode a rendue pour ainsi dire un faubourg de Paris, je n'en dirai donc rien ; car quel est le Parisien aujourd'hui, qui n'y a fait son petit voyage pour contempler les scènes maritimes si fort en vogue actuellement. Nous ne sommes plus au temps de l'aimable Picard, et Dieppe a cessé d'être pour le fashionable de la capitable, une autre *Thulé*.

La mer.

Angleterre. — Brighton, le 23 mai.

Hier, à cinq heures du matin, nous nous sommes embarqués à Dieppe, sur le *James Watt*, magnifique paquebot à vapeur anglais, commandé par le capitaine Morton, de la marine marchande. Ma mère n'a pu se défendre d'un sentiment d'inquiétude assez vif en mettant le pied à bord ; mais la sérénité de toutes les figures, et le beau spectacle de la mer, l'ont bientôt calmée.

Le temps était admirable, l'air était d'une pureté si grande que l'on distinguait au loin les moindres objets. La mer balançait mollement ses flots, son mouvement a été si doux endant toute la traversée que très-peu de personnes souffrirent du mal de mer. Au moment où le *James Watt* sortait du port, le soleil se dégageait du sein des ondes, il versait des torrens d'une lumière pourprée dont les rayons se jouant dans les vagues produi-

saient un effet magique ; on eût dit qu'à l'o-
rient s'agitait une mer de pierreries, dont les
diamans, les rubis, les émeraudes venaient
par milliers jeter tour-à-tour leurs feux les
plus riches et les plus éblouissans. Bientôt
nous vîmes sortir du port une flotte de barques aux blanches voiles qui manœuvra autour de nous, se devisa par petites escadres,
sillonna les ondes dans toutes les directions,
puis s'étendit à l'horizon où nous la vîmes
long-temps semblable à une troupe d'oiseaux
aux ailes de neige. C'était les pêcheurs du
port se rendant à leurs travaux. Je n'avais
jamais vu la mer, l'impression qu'elle me fit
dans ce moment sera ineffaçable. Que ce tableau était majestueux ! devant nous l'immen-
sité des eaux ; derrière la ville de Dieppe et
ses clochers gothiques qui semblaient fuir ; la
côte qui s'abaissait d'instans en instans, dont
les sites si frais changeaient continuellement
d'aspect ; les barques animant cette belle marine ; un ciel bleu, rehaussé d'or et de pourpre à l'orient, servant de cadre à ce magnifique ensemble ; que c'était grand ! que c'était
beau ! L'âme s'élève, s'agrandit en présence
d'une nature aussi pompeuse, elle se sent
vivre, et dans l'enivrement de son bonheur,
elle adore l'auteur de tant de merveilles !

7..

Nous n'étions pas seuls dans l'extase, presque tous les passagers se pressaient sur le pont et admiraient. Le capitaine Morton, quoique accoutumé à des scènes de ce genre, ne put s'empêcher de dire : Voilà une matinée superbe, qui nous promet une prompte traversée. Et en effet le *James Watt*, gracieusement incliné sur son flanc droit, à *tribord*, comme disaient nos matelots, semblait voler comme un pétrel; ses machines, aidées d'une voile triangulaire suspendue à un mât, l'emportaient rapidement loin de la terre de France.

La navigation par la vapeur.

La courte phrase du capitaine Morton, servit de prétexte à mon père pour entrer en conversation. Il trouva dans le capitaine, un homme plus instruit qu'il ne s'y attendait, et surtout très au fait de ce qui concerne la navigation par la vapeur. Après quelques phrases échangées, mon père dit au capitaine : Je crois, monsieur, que les premières expériences sur la navigation par la vapeur, datent de 1786, et qu'elles ont été faites en France et en Angleterre. — Oui, monsieur; cependant on avait déjà fait quelques tentatives à ce sujet, en Espagne, dans le seizième siècle.

— C'est ce que j'ai entendu dire plusieurs fois, capitaine ; mais n'est-ce pas un fait un peu hasardé ?

— Non, monsieur.

Des recherches faites il y a deux ou trois ans dans les papiers de la capitainerie générale de Catalogne, ont fait découvrir qu'une expérience avait été tentée en 1543, pour diriger un bâtiment par le moyen de la vapeur d'eau bouillante. Les archives de Samancas consultées, ont confirmé cette découverte due au hasard. On y vit que le 17 juin 1543, en présence de Charles V, empereur d'Allemagne et roi d'Espagne, et de son fils, depuis Philippe II, roi d'Espagne, un bâtiment mu par un mécanisme de l'invention du capitaine de marine Blasco de Garay, manœuvra dans le port de Barcelone ; les deux princes étaient suivis de Henri de Tolède, de Pierre de Cardona, gouverneur du port, et du trésorier Ravago.

Les conseillers de l'empereur s'opposèrent fortement, dans le conseil, à l'adoption de ce nouveau procédé qui avait pleinement réussi. Charles V défendit donc de s'en servir, il fit donner à Blasco une somme de deux cent mille maravedis et lui accorda diverses récompenses honorifiques.

Le capitaine espagnol fit un secret de sa découverte ; cependant on avait remarqué que le principal moteur de son bâtiment était une chaudière d'eau bouillante et des roues fixées de chaque côté du navire. Cette découverte tomba donc dans l'oubli.

Après les travaux de Papin, de Caust, du marquis de Wercester, de Savary et Newcommen, sur les propriétés de la vapeur et son application aux machines, on essaya de faire mouvoir des bateaux par cet agent puissant. En 1736, un brevet pour la remorque des vaisseaux par des bateaux à vapeur, fut accordé à Jonathas Hulls, un de mes compatriotes.

Le marquis de Jouffroy construisit en 1781, sur la Saône, un bâtiment à vapeur. Son expérience réussit, mais il ne fut pas soutenu par le gouvernement français, et son entreprise, contrariée par l'autorité locale, dut être abandonnée.

William Symington parvint en 1802, à établir un service de bateaux à vapeur sur le canal qui réunit, en Écosse, le Forth à la Clyde.

L'ingénieur américain Fulton, après avoir vu et soigneusement examiné le bateau de William Symington, passa en France et proposa à Napoléon la construction d'un grand nombre de bâtimens de cette espèce, pour exécuter la fameuse descente dont on menaçait l'Angleterre. Dédaigné par le gouvernement français, Thomas Fulton porta dans sa patrie le fruit de ses études. Le 30 octobre 1807, il lança le premier bateau à vapeur américain, à New-Yorck, et le fit naviguer jusqu'à Albany, ville située à quarante lieues plus loin en remontant la rivière d'Hudson.

Les Américains accueillirent avec enthousiasme ce mode nouveau de navigation, trois ans suffirent pour établir des communications régulières par la vapeur sur presque toutes les rivières et les lacs des États-Unis. Au mois de septembre de l'année 1812, la marine d'Amérique essaya d'appliquer aux courses sur mer, le procédé de Fulton qui avait si bien réussi sur les fleuves. Un bâtiment à vapeur, monté par deux cent huit passagers, mis en mer par un gros temps, parcourut trente-sept milles en six heures cinquantes minutes, après avoir facilement triomphé de tous les obstacles.

L'Angleterre ne pouvait rester en arrière de ses rivaux du nouveau monde, elle fit des efforts pour n'avoir rien à leur envier de ce côté. Bell et Thompson, construisirent en 1812 la *Comète*, bateau dont la machine n'avait que la force de trois chevaux et qui devait naviguer sur la Clyde ; mais bientôt des perfectionnemens furent apportés dans la construction des chaudières et des moteurs, et plusieurs bateaux à vapeur, mais par des machines d'une force de vingt-quatre chevaux, succédèrent à la *Comète*.

Un établissement de bateaux à vapeur assez vastes pour transporter trois cents personnes, fit, en février 1815, un service régulier entre Limehouse et Gravesend. Mais la première navigation par la vapeur, remarquable, fut celle du capitaine Dodd, qui, au mois de mai 1815, se rendit de Dublin à Londres en cent vingt-une heures et demie, malgré des coups de vent très-violens et l'action des courans ; le trajet est de 258 lieues.

L'Amérique, en 1820, faisait naviguer quatre bâtimens à vapeur d'un fort tonnage, sur l'Hudson, quatre sur le fleuve Saint-Laurent, sept sur le Mississipi, indépendamment d'un grand nombre d'autres moins considérables.

Depuis ce temps, la navigation par la vapeur a été employée à des voyages de long cours. Le paquebot l'*Entreprise*, capitaine Johson, se rendit de Falmouth, au cap de Bonne-Espérance, en cinquante-sept jours, il en eût mis vingt de moins, s'il n'eût fallu économiser le charbon de terre. Les bâtimens à vapeur ont rendu un grand service à la flotte française lors de l'expédition d'Alger.

Aujourd'hui on construit des frégates et d'autres bâtimens de guerre à vapeur, et le nombre des navires de toute grandeur de cette espèce est considérablement multiplié. Dans l'année où nous sommes, les États-Unis en possèdent cinq cent cinquante ; l'Angleterre en emploie quatre cent quatre-vingt ; la France n'en a que soixante-dix ; la Russie, six ; la Hollande, quatre ; l'Espagne, trois ; l'Italie, six ; la Grèce, deux ; la Turquie, deux ; l'Égypte, quatre.

Nous remerciâmes le capitaine du récit intéressant qu'il avait eu la complaisance de nous faire. La conversation s'engagea sur les immenses services que les machines à vapeur rendaient aux sociétés modernes.

— Monsieur, dit mon père, votre bâtiment porte le nom d'un homme à jamais immortel, pour avoir appliqué toute la puissance de son génie au perfectionnement des machines.

— James Watt, reprit le capitaine Morton ; oui, on doit le mettre au nombre des bienfaiteurs de l'humanité; sa biographie est utile à connaître, car James est un exemple remarquable du pouvoir de la volonté humaine, lorsqu'elle est ferme et constante.

— Monsieur le capitaine, oserai-je vous prier de faire connaître à mes fils la vie de votre illustre compatriote.

— Avec le plus grand plaisir.

James Watt.

James Watt est né à Greenock, en Ecosse, en 1736, dans une famille peu fortunée, mais déjà illustre dans les sciences : son aïeul et son oncle s'étaient fait une réputation comme ingénieurs et constructeurs d'instrumens de précision. La nature doua James d'une aptitude extraordinaire pour la mécanique. Son père, modeste commerçant, se souvenant de la carrière honorable de ses deux parens, encouragea les dispositions naturelles du jeune homme, et lorsqu'il eut atteint sa dix-huitième année, il le plaça chez un fabricant d'instrumens de mathématiques de Londres. Malheureusement James avait la santé très-faible et il ne put continuer des travaux qui nécessitent une application soutenue.

Après un an de séjour à Londres, il lui fallut revenir à Greenock, pour recevoir les soins de sa famille. Une année d'études était bien peu, dans une partie aussi délicate que l'art du génie, et la construction des instrumens, mais telle était l'aptitude de James, que cette année lui suffit.

En 1757, il se rendit à Glascow, et y fut nommé fabricant d'instrumens de mathématiques de l'université. Malgré sa frêle constitution, il se livra avec ardeur aux travaux d'esprit les plus abstraits, il y réussit si bien, que consulté sur des travaux de canalisation à exécuter pour unir le Forth à la Clyde, il communiqua ses plans, que l'on adopta. On lui donna la direction des travaux du canal Calédonien.

Mais l'art de l'ingénieur, quelque distingué qu'il y fût, n'était pas la vocation de James Watt, né pour imprimer un progrès immense à la civilisation, en popularisant la puissance de la vapeur et en la rendant l'esclave docile des temps modernes, sa destinée lui fut tout-à-coup révélée. Le cabinet de physique de Glascow possédait un petit modèle de la machine à vapeur du *vitrier Newcommen*, dont on ne pouvait faire usage pour les démonstrations du cours, parce que le mécanisme en était dérangé. On eut l'idée de porter ce modèle à James pour qu'il le réparât.

A la première vue, il découvrit tout le vice des machines à vapeur naissantes, il en traça le perfectionnement, et jugea de l'importance immense que ces machines ainsi modifiées allaient obtenir. Bientôt il produisit la machine à double effet, qui oblige la vapeur à soulever et abaisser alternativement les pistons du moteur.

Il y avait dans ce perfectionnement toute une création, il y avait aussi toute la gloire qui assure l'immortalité ; mais il fallait se faire connaître, et James, homme simple, modeste, presque inconnu, redoutait l'inculpation de charlatanisme, s'il eût annoncé pompeusement sa belle découverte ; il redoutait encore les envieuses et basses attaques de la médiocrité qui dénigre toujours les œuvres du génie et s'efforce de les étouffer dès qu'elles veulent se répandre au grand jour. Est-ce un pressentiment de ce qui devait lui arriver ?

Il fallut que Watt fît la connaissance d'un savant zélé, pour parler de son nouveau système de machines à vapeur. Cet homme estimable, le docteur Roebuck, lui donna généreusement une assez forte somme d'argent,

pour l'aider à construire un appareil-modèle,
mais les fonds manquèrent avant qu'il fût
achevé.

L'exécution de la machine aurait été abandonnée, si Boulton, riche manufacturier de
Birminghan, n'eût appris quelque chose des
travaux de Watt. Il vint le trouver, étudia
ses plans, et s'étant convaincu que leur exécution serait une source abondante de richesses, il proposa une association à l'ingénieur écossais, Roebuck fut remboursé des
avances qu'il avait faites.

Watt et Boulton établirent à Soho une
usine pour la construction des machines à
vapeur ; la première qu'ils établirent servit
de modèle. On l'adopta comme moteur de
pompe pour épuiser les sources dans les mines. Les deux associés reçurent plusieurs
commandes qu'ils exécutèrent, sous la condition qu'on leur donnerait le tiers des économies que l'emploi de leur machine procu-
rait, et les mines seules de Chacewater dans
le Cornouailles, leur rapportèrent 600,000
francs par an. L'établissement de Soho devint bientôt une école célèbre d'ingénieurs
et de constructeurs de machines.

Le système de machines à vapeur de Watt,
fut importé en France en 1779, par Périer

aîné, qui l'appliqua à l'élévation des eaux de la Seine, dans un réservoir situé sur la hauteur de Chaillot, d'où elles se répandent dans tous les quartiers de la rive droite du fleuve. C'est ce que les Parisiens appellent la pompe à feu.

Watt ne put jouir, sans combattre, de la gloire qu'il méritait ; l'envie se déchaîna contre lui, de tous côtés on lui contesta qu'il fût le véritable inventeur ; il soutint vingt années d'une lutte active pour ne pas être dépouillé du titre de bienfaiteur de l'humanité que la postérité lui décernera. Enfin, en 1799, une ordonnance de la cour du banc du roi, le proclama seul véritable inventeur du système de machines qui porte son nom.

Jusqu'en 1800, la machine à vapeur n'avait servi qu'à élever de l'eau ; dans cette année, Watt, l'employa pour faire tourner les meules d'un moulin à blé, il réussit, mais il eut le chagrin de voir un manufacturier de Birmingham, qui avait acheté secrètement son plan d'un ouvrier infidèle, le devancer, prendre un brevet d'invention et le frustrer des résultats de cette application nouvelle de la vapeur.

La construction de ce moulin est l'origine

de toutes les machines modernes, James avait démontré que la vapeur peut servir de moteur universel, en transmettant le mouvement d'un long pivot, nommé *arbre de couche*, à des moteurs particuliers au moyen du simple mécanisme du rouet à filer. Watt mourut le 25 août 1819, dans sa terre d'Heathfield, près de Birmingham, à l'âge de 84 ans. Sa vaste intelligence embrassa l'universalité des connaissances humaines, et il fit seul son éducation ; comme chimiste, physicien, antiquaire, architecte, médecin, jurisconsulte, philosophe, il méritait une place distinguée parmi les savans de ces diverses classes. Une statue lui a été élevée à Birmingham en 1824, par la nation anglaise.

Dans quelques siècles, il n'y aura pas de peuple civilisé qui n'ait décerné une statue à ce grand homme, car l'industrie des machines à vapeur, dans notre siècle, est ce que fut l'invention de l'imprimerie à la fin du moyen-âge, elle ouvre une nouvelle ère à l'humanité.

Nous serrâmes tous avec reconnaissance la main du bon capitaine, qui nous quitta en ce moment pour vaquer à ses devoirs. Nous restâmes sur le pont, rêvant à ses dernièrs·

paroles et cherchant à entrevoir le mouvement de la civilisation , dans cette ère nouvelle qu'il nous prophétisait ; chacun de nous
dut se créer un monde suivant ses inclina-
tions particulières ; toutefois , après plusieurs
heures de méditation , lorsque nous descen-
dîmes au salon du paquebot , nous n'eûmes
qu'un seul avis : la postérité vivra dans un
âge meilleur que le nôtre !

La traversée s'est achevée promptement et
heureusement, par le plus favorable des temps ;
nous avons vu se coucher en Angleterre , le
soleil qui s'était levé le matin sur la terre
de France , au milieu de la plus splendide
magnificence.

La recommandation du capitaine Morton
nous a valu des égards dans l'hôtel où nous
habitons. Le mouvement du port de Brig-
thon est animé, c'est un des endroits d'où
l'on s'embarque pour la France. Le roi d'Angleterre a un palais superbe dans cette petite ville , et il y réside pendant une grande
partie de l'année.

Londres.

26 mai.

Demain nous quittons la métropole de l'empire Britannique, cette immense ville de Londres, la rivale de Paris, dont l'origine n'est pas moins antique que celle de la superbe Lutèce, et qui doit comme elle sa fondation à des conducteurs de barques ; Londres, dont la fortune n'a pas été moins prodigieuse que celle de la petite cité née dans une modeste île de la Seine.

Londres, dont le nom était une prophétie ! *Llundain*, en Celtique, la ville des vaisseaux ! Pouvait-on nommer autrement, celle qui devait porter un jour le sceptre des mers ? Son orgueilleuse Tamise, est sans cesse couverte d'une légion de navires, qui lui apportent le tribut des contrées les plus lointaines ; des flottes entières en sortent tous les jours, pour porter ses ordres et dicter ses lois dans les climats les plus reculés. Rien ne peut égaler l'incroyable spectacle que présente la Tamise, dans l'étendue de vingt lieues qui séparent Londres de son embouchure ; rien, excepté la vue de la Tamise, dans Londres même ; là sont les ports, les Docks, remplis de vaisseaux marchands ; là règne une activité sans égale ; des légions de travailleurs portent les trésors des cinq parties du monde, dans de vastes et magnifiques magasins, et en échange, entassent, dans les flancs profonds d'autres navires, les produits de l'industrie de la Grande-Bretagne. Plus loin, on voit les immenses chantiers de constructions, où le bois et le fer se transforment en frégates, corvettes, bricks, bâtimens à vapeur, vaisseaux de toutes dimensions, dont les noms forment un étrange vocabulaire.

Paris est la capitale de l'élégance, du savoir-vivre, des arts et des sciences. Londres est la capitale de l'industrie, du commode *(comfort)*, et du bien-vivre ; aussi ne faut-il pas y chercher les somptueux monumens, les riches musées publics, les fêtes brillantes, les réunions d'artistes. Tout est calculé dans cette ville pour les jouissances matérielles des sens ; les jouissances de l'esprit, de l'imagination, du goût épuré, y sont inconnues de la masse de la population, elles ne sont le partage que de l'élite des hautes classes.

Vous me pardonnez donc, mes chers amis, si je suis pauvre de récits sur cette célèbre cité, car je ne vous décrirai, ni Westminster, ce chef-d'œuvre de l'art du moyen-âge ; ni Saint-Paul, copie de Saint-Pierre de Rome, restée bien au-dessous de son modèle ; non plus que l'amirauté, la banque, l'hôtel de la compagnie des Indes, celui du lord-maire, la Tour aux tragiques souvenirs, le triste palais de Saint-James, et que vous trouverez figurés, mesurés, scrupuleusement décrits pierre par pierre, dans les guides et les conducteurs de l'étranger, et dans les mille et un voyages en Angleterre. En architure publique, ce que Londres renferme de plus beau, ce sont les ponts ; ils unissent les deux rives d'un fleuve imposant par sa largeur et permettent pour la plupart aux vaisseaux de passer sous leurs arches. Le Tunnel, ou passage sous la Tamise, est encore une des conceptions architecturales les plus remarquables, par la hardiesse et le talent d'exécution ; mais ce monument est une pensée française, de l'ingénieur Brunel.

Manchester, 31 mai.

Nous avons traversé l'Angleterre, du sud au nord, pour nous rendre à Manchester dans le comté de Lancastre. Dans ses parties les plus fertiles, l'Angleterre nous a rappelé la Normandie par la beauté et la verdure de

8

ses arbres, par la végétation grasse et plantureuse des bords de ses rivières. Quelques grands que soient les éloges donnés aux progrès de l'agriculture dans la Grande-Bretagne, rien ne nous a démontré qu'elle fût beaucoup plus avancée qu'en France ; les landes et les bruyères, y restent landes et bruyères comme dans notre patrie. Ce qui nous a seulement frappé, c'est la propreté, la distribution commode des maisons des cultivateurs ; sous ce rapport, la population anglaise des campagnes, est bien autrement avancée que le paysan français.

Manchester.

Manchester est une ville qui s'annonce au loin par une multitude de longues cheminées construites en forme d'obélisques, vomissant des torrens de cette fumée noire, qui signale au voyageur les cités industrielles. Sa population est de 70 mille habitans, ses quartiers s'étendent sur les rives de deux rivières, l'Irk et l'Iwell, dont le cours a été la cause première de sa prospérité.

Cependant jusqu'à l'invention des machines, Manchester n'a été qu'une pauvre bourgade où l'on ne comptait pas deux cents personnes. Ainsi les machines, loin de nuire à la population, ne font qu'accroître le nombre des ouvriers et augmenter le bien-être de toutes les classes. L'industrie de la soie et du coton nourrit toute la population de Manchester ; les filatures, les fabriques de calicot, de percales, de mousselines, de toiles de coton peintes, de velours de coton, de soieries de tous genres, abondent dans cette ville. L'industrie du coton, dans plusieurs branches et surtout dans l'art de la filature, est supérieure ici à l'industrie semblable de la France ; mais pour les soieries, Manchester ne peut lutter avec Lyon.

James Hargreaves.

Ce n'est pas aux longues études des savans, que Manchester doit sa prospérité et ses immenses richesses, mais au génie de quelques pauvres artisans ; car le génie se trouve dans toutes les classes, et aussi fréquemment même sous la veste et la blouse de l'ouvrier, que sous les vêtemens plus somptueux des hommes favorisés par la fortune. Depuis la naissance des arts dans les siècles de l'enfance des sociétés, jusqu'en 1760, la conversion du chanvre, du lin et du coton en fil, n'avait subi que de très-faibles améliorations. A la quenouille primitive, le rouet à filer n'avait succédé qu'en 1530, époque de son invention par Jurgen de Brunswick.

En 1760, un paysan, simple ouvrier fileur, dénué de toute instruction, James Hargreaves, de Stanhill, dans le comté de Lancastre, imagina un instrument à carder plus expéditif que celui dont on faisait usage : c'était le premier essai de son talent naturel en mécanique. A cette ébauche imparfaite succéda la machine à carder que j'ai décrite en parlant de la manufacture de drap ; cette machine est moderne, et chose singulière, l'inventeur n'en est pas connu, peut-être Hargreaves contribua-t-il à son invention ; ce qui est certain, c'est que les premières furent établies par le manufacturier Robert Peel, père du célèbre ministre d'état, et qu'il en confia l'exécution à Hargreaves.

En 1767, ce même ouvrier construisit un métier à filer qu'il nomma Jenny, et comme Newton, qui découvrit les lois physiques de l'attraction, en voyant tomber une pomme ; ce fut la chute d'un rouet qui lui inspira l'idée de sa Jenny, dont le travail d'un jour égalait celui de trente fileuses.

Un cri de réprobation accueillit la découverte du pauvre ouvrier. Hommes et femmes, vivant de l'industrie du chanvre et du coton, se crurent menacés de périr de faim, et dans leur ignorance brisèrent les *Jenny* qui, bien loin de nuire, devaient être une source inépuisable de bien-être. Constant et infatigable dans son travail, Hargreaves reconstruisit plusieurs fois son œuvre, malgré les violences réitérées de ses compagnons de travaux ; mais enfin il fut obligé de s'exiler à Nottingham, où le gouvernement prit sous sa protection l'établissement que le fileur de Stanhill y éleva.

Les *Jenny* se propagèrent malgré l'aveugle résistance et les émeutes des ouvriers ; mais une invention plus parfaite les fit abandonner. C'était la machine à filer de Richard Arkwright, qui fonda dans Nottingham même, un établissement rival de celui du malheureux Hargreaves. Cet homme de génie, méconnu, mourut de chagrin au milieu de la misère la plus profonde et la plus injuste.

Richard Arkwright.

Richard, né au fond d'un obscur village, et le treizième enfant d'une pauvre famille, ne reçut aucune éducation. On ensevelit ses talens ignorés dans la chétive échoppe d'un misérable barbier. Il était âgé de 34 ans,

(c'était en 1768) quand il hasarda de faire exécuter la mécanique admirable dont il avait conçu le plan. Son ignorance absolue de l'art du dessin, et la difficulté qu'il éprouvait à rendre clairement ses idées, le firent regarder par les uns comme un fou, et traiter avec le plus profond dédain par les autres.

Manquant d'argent, il s'adressa aux plus riches manufacturiers du comté de Lancastre pour les intéresser à ses essais; mais partout il n'essuya que des refus. Son compatriote Hargreaves n'avait pas été plus heureux. Il avait émigré dans une autre province, Richard l'imita. Il vint aussi à Nottingham, où la maison de banque Wright lui avança des fonds, promettant une association si ses expériences réussissaient.

Les travaux du barbier-mécanicien furent très-longs, il avait à vaincre tant de difficultés ! MM. Wright découragés l'abandonnèrent. Arkwright chercha d'autres protecteurs, car nul revers ne pouvait vaincre sa persistance. D'après les conseils d'un mécanicien du comté de Derby, M. Strutt, Richard introduisit dans sa machine des roues dentées à engrenage, qui la rendirent capable d'agir, et il s'associa au manufacturier Need, auquel M. Strutt l'avait recommandé.

En 1769, il prit un brevet d'invention et fonda, quelques années après, une grande filature à Cromford, dans le comté de Derby. A peine fut-on convaincu du succès de Richard, que les attaques des jaloux commencèrent. Des plagiaires lui disputèrent devant les tribunaux la propriété d'invention, il prouva facilement ses droits; mais le hasard fit, qu'ayant travaillé au perfectionnement de ses machines, il y introduisit des ressorts que d'autres employaient déjà, quoiqu'il n'en sût rien, circonstance dont on profita pour lui faire perdre son brevet. Richard, MM. Strutt et Need, n'en firent pas moins une fortune considérable. Richard, honoré de ses concitoyens, fut élu schériff du comté de Derby, et le roi le récompensa des services qu'il avait rendu à l'Angleterre, en le nommant chevalier baronnet. La machine de sir Richard fila le coton jusqu'au numéro cent, ce qui était alors une grande perfection.

Samuel Crompton.

Un troisième habitant du comté de Lancastre, pauvre ouvrier comme ses deux prédécesseurs, Samuel Crompton, eut l'heureuse idée de combiner le système de Hargreaves et celui de Richard Arkwright ; il en résulta les excellentes machines à filer dites *mull-jenny*, qui lui valurent du parlement anglais une récompense nationale de 5,000 livres sterlings , 150,000 francs.

Filature du coton.

La manière de mouvoir ces machines diverses a beaucoup varié ; tantôt un homme les mettait en mouvement à l'aide d'une manivelle , tantôt l'homme était remplacé par un cheval tournant un manége ; souvent aussi on employa comme moteur une chute ou un courant d'eau. Ce ne fut qu'en 1785 qu'on leur appliqua les machines à vapeur de Watt. Enfin , en 1789, la ville de Manchester adopta les moteurs de Watt et les mull-jenny de Crompton ; c'est depuis ce moment qu'elle devint le centre d'une grande et active industrie.

Nous avons vu des filatures dont les machines sont armées de soixante mille broches , et qui filent dix mille kilogrammes de coton par semaine ; ce coton est employé à coudre et à tisser. Le prix de la façon d'un kilogramme de coton filé qui était de 30 francs en 1786 , est aujourd'hui de 4 fr., c'est là le secret du bas-prix des cotonnades.

Une invention nouvelle, le banc-à-broches, qui file en un instant et presque sans frais les fils pour chaînes d'étoffe, a beaucoup contribué aussi à multiplier la fabrication des calicots et percales.

Le coton filé est numéroté d'après sa finesse, et voici comment on s'y prend : Mille mètres de coton filé, pèsent une livre, c'est le n° 1 ; deux mille mètres du même poids, sous le n° 2, car le fil est de moitié plus fin, ainsi de suite. Cette livre de fil est dévidée en écheveaux sur un dévidoire dont la circonférence est d'un mètre, et mille mètres font un écheveau. Ainsi une livre de coton, au n° 200, contient 200 écheveaux, et avant d'être séparée en écheveaux, sa longueur était de 200,000 mètres ou cinquante lieues.

Tissage du coton.

Après les filatures, nous avons visité les fabriques de toiles de coton ; on tisse le coton comme les toiles de lin, comme le drap, avec le métier à tisserand ; dans plusieurs établissemens, la machine à vapeur fait mouvoir les lisses, les battans et la navette des métiers.

Toiles peintes.

Les procédés employés pour imprimer et teindre les toiles de coton, sont les mêmes que ceux en usage à Rouen, à Darnetal et dans toute la France. Nous pouvons même nous vanter d'avoir été les maîtres de l'Europe entière dans ce genre d'industrie, car les manufactures élevées par M. Oberkampf ont mis en pratique les enseignemens et les conseils de nos meilleurs chimistes. Dans la confection de ces toiles il y a deux procédés combinés, la teinture et l'impression.

L'impression n'est que l'art de placer sur la toile les mordans qui y fixeront la teinture. Autrefois l'impression se faisait à l'aide de planches de cuivre gravées, ce qui rendait l'étoffe fort chère à cause du prix élevé des planches. On se sert aujourd'hui de cylindres, et toute la machine à imprimer est mue par la vapeur. J'essaie d'en donner une idée.

Dans une auge qui contient le mordant, plonge une partie de la surface d'un cylindre légèrement élastique ; au-dessus de ce premier cylindre, en est un autre en bois, sur lequel le dessin est gravé à la mécanique ; il ne reste entre les deux cylindres que l'espace nécessaire pour y faire passer la toile comme entre un laminoir. En passant, la toile se charge du mordant qui fixera le fond, mais des précautions sont prises pour empêcher la toile de se charger du mordant à la place des dessins, et la teinture n'y prenant pas, le dessin y reste, mais esquissé seulement et blanc.

A mesure que la toile se charge de mordant, elle est montée par la machine dans une pièce supérieure où elle sèche sur des cylindres chauffés à la vapeur. On la lave ensuite à l'eau chaude, on la met dégorger dans l'eau froide, après quoi on l'introduit dans le bain de teinture. La toile teinte étant sèche, on la lave à l'eau froide, ce qui enlève la teinture des places sans mordant et détache en blanc le dessin ; la toile est ensuite étendue sur le pré pour sécher. Il reste à teindre le dessin, ce qui se fait de la même manière, en appliquant le mordant sur la planche blanche et la passant ensuite à la teinture, opération qui doit être réitérée pour chaque nuance du dessin et qui se fait en bloc, c'est-à-dire, avec des planches de bois gravées, quand le dessin est compliqué.

L'art de la soie.

Manchester , 10 juin.

Mon père ayant le projet de nous faire parcourir les villes de France et d'Allemagne, renommées par leur industrie, nous visitons ici tous les établissemens afin d'avoir des points de comparaison ; nous n'avons donc pas négligé les manufactures de soiries de cette ville. Dans la soirée qui a précédé le jour de nos visites dans les fabriques de tissus de soie, mon père n'a pas omis de nous instruire de l'origine et des progrès de l'art de la soie.

Cette substance, nous a-t-il dit, est originaire de la Chine et du Japon, elle provient du cocon qui enveloppe la crysalide du *Bombyce du mûrier*, insecte de l'ordre des lépidoptères ou papillons. L'usage de la soie en Chine remonte à dix siècles avant notre ère. De la Chine, la soie se répandait toute travaillée dans l'Orient ; elle passait dans l'Inde, d'où elle prenait par Bactres la route de Babylone ; les Phéniciens la tiraient de cette ville pour l'exporter en Occident, où elle fut autrefois, vu sa rareté, un objet d'un grand luxe et d'un prix exhorbitant.

La soie à Rome était nommée *sericum*, et les habits de soie *vestes sericæ;* il ne faut pas la confondre avec le cachemire que les Romains nommaient, *serica materies*, ou matière soyeuse, à cause de son aspect et du moelleux de son toucher. Les dépenses énormes que se permettaient les riches Romains pour se procurer des vêtemens de soie, firent interdire ce genre de luxe par une loi du sénat, sous le règne de Tibère.

Les idées que l'on avait à Rome sur l'origine de cette production orientale étaient très erronnées. Les uns disaient qu'on tirait la soie d'un roseau, d'autres qu'elle croissait sur les arbres, d'autres encore que c'était un duvet laissé sur des branches d'arbres par certains oiseaux ; on voit que ces deux dernières opinions provenaient de récits dénaturés. L'an 220, l'empereur Elagabal se vêtit le premier d'une *toge* et d'un *palumentum* (manteau) entièrement de soie, la valeur en était immense, puisqu'on échangeait alors la soie contre l'or, poids pour poids. L'empereur Aurélien, trouvant ce genre de vêtemens ruineux, l'interdit à sa femme. Quand le commerce des Phéniciens fut entièrement ruiné, la soie s'introduisit par la Perse dans l'empire Romain.

Les caravanes persanes allaient la chercher
en Chine, et en 243 jours elles revenaient à
travers l'Asie jusqu'en Syrie. Le prix exhorbitant que les Perses exigeaient de cette den-
rée, donna l'idée à l'empereur Justinien d'introduire en Occident les insectes qui la produisent. Il s'adressa d'abord au roi d'Abyssi-
nie pour concerter avec lui les moyens d'en
obtenir par la voie de la navigation; mais le
hasard le mit en rapport avec deux moines
Perses, qui ayant résidé en Chine, n'igno-
raient rien de ce qui a rapport à l'éducation
des vers, et à la fabrication des étoffes de
soie.

Ils retournèrent en Chine, et, en 555, rapportèrent dans un bâton creux des œufs qu'ils
présentèrent à Justinien. Athènes, Thèbes et
Corinthe, s'adonnèrent bientôt à l'éducation
du bombyce du mûrier. Sous le règne de
Charlemagne, la fabrication de la soie commençait à s'introduire en Italie; ce prince fit
don à Offa, roi de Mark, en Angleterre, de
deux robes de soie.

En 1030, Roger, roi de Sicile, établit à
Palerme des ouvriers de Constantinople, pour
élever des vers à soie et fabriquer des étoffes de soie. Venise commença en 1207 à
s'occuper de cette industrie. La Flandre imita

l'Italie, et, en 1331, John Kemp importa de Flandre en Angleterre les procédés de la fabrication des tissus de soie. La Grande-Bretagne était en arrière sur la France, sa rivale, car Philippe-le-Bel, en 1294, avait rendu une ordonnance sur la fabrication des soieries. Des ouvriers grecs, vénitiens et génois, fondèrent une manufacture de tissus de soie à Tours en 1470. Louis XI et Charles VIII leur accordèrent de grands privilèges.

Les premiers bas de soie furent portés en France par Henri II, en 1550, au mariage de sa sœur avec le duc de Savoie. L'industrie de Lyon date de 1536, dans laquelle les génois Etienne Turquetti et Barthélemi Narris fondèrent dans cette ville une fabrique de velours.

La fabrication des soieries se développa rapidement dans cette ville ; elle y fut perfectionnée par Jurine, en 1717, et par Falcon, en 1738. Il y a quelques années, Jacquart inventa les métiers qui portent son nom, au moyen desquels un seul ouvrier exécute seul les tissus les plus compliqués.

Les différens procédés de l'art de la soie, sont : l'éducation des vers, la récolte de la soie, le décreusage, la filature, le tissage et la teinture.

Introduite en Grèce par Justinien, l'édu
cation des vers à soie se propagea en Italie,
puis en Espagne, enfin dans le midi de la
France. Ce fut sous le règne de Henri IV,
qu'un habitant de Nismes, nommé Brocard,
dota notre patrie de ce genre d'industrie. Le
mûrier blanc sert de nourriture à la *larve* du
bombyce, improprement appelé ver à soie.
La culture de ce mûrier est donc la première chose importante pour l'éducation des
vers.

Cette culture se fait en pépinières ou en
prairies que l'on fauche ; la seconde méthode
paraît préférable à la première. Le meilleur
mode d'élever les larves de bombyce du
mûrier, consiste à les faire éclore à une
température de 20 degrés, puis à les placer
dans des salles que l'on maintient à la température de 23 degrés, au moyen de calori-
fères, lorsque la température extérieure est
au-dessous de ce point, et de courans d'air
frais, si elle est au-dessus.

On met les larves dans des filets suspendus et mobiles que l'on descend sur des
rayons garnis de feuilles de mûrier, procédé
qui permet de renouveler la nourriture de
l'animal, et de le nétoyer sans le toucher.

On diminue la nourriture à mesure que

l'époque de filer les cocons arrive, c'est du vingt-cinquième au trentième jour après la naissance que la larve travaille à son cocon, on lui donne pour filer des paquets de bruyère et de genêt, qui servent de point d'appui à ses fils. Il y a plusieurs variétés de vers, dont la préférable est celle dite *sina*, introduite dans le Lyonnais, en 1812, par M. Poidebard ; les cocons qui en proviennent sont d'une blancheur éblouissante.

Quand les cocons sont achevés on les récolte, et on les met dans l'appareil de M. Gensoul, pour faire périr la chrysalide ; c'est un appareil à vapeur dans lequel l'animal est étouffé en quinze minutes. On dévide alors la soie qui est d'un seul fil, d'une longueur de 600 à 1200 aunes. La soie est enveloppée d'une bourre, dite filoselle, que l'on emploie aussi en tissus.

La soie brute, ou sortant du cocon, est blanche, jaune ou verdâtre ; la blanche n'a pas besoin de préparation avant d'être filée, mais la jaune et la verdâtre ont besoin d'être blanchies par l'opération du *décreusage*, qui consiste à lui enlever la gomme et la matière colorante qu'elle contient, au moyen de substances chimiques.

La soie est filée à la mécanique comme

le coton et la laine ; un mécanicien de Derby a inventé, en 1719, une machine composée de 26,586 bobines, qui, en vingt-quatre heures, file 318,504,960 aunes de soie.

La soie se teint en fil ou en tissu ; lorsque le décreusage est fait, il faut, avant de la teindre, l'aluner pour lui donner le mordant qui fixera les couleurs. L'alunage se fait à froid, dans un tonneau rempli d'une forte dissolution d'alun, où la soie reste plongée pendant plusieurs heures.

Au sortir de là, on la passe à l'eau pour enlever un excès d'alun dont elle pourrait être chargée, et elle est bonne alors à mettre en teinture.

Quant au tissage, il se fait à la mécanique sur les métiers à la Jacquart.

Toiles de lin et de chanvre.

Manchester, 15 juin.

Nos courses et nos études continuent ; nous ne quitterons pas cette ville sans avoir vu jusqu'à ses moindres ateliers. Hier et aujourd'hui ont été employés à parcourir des fabriques de toile de lin et de chanvre. L'industrie du chanvre et du lin n'a pas fait les progrès qui rendent si admirables les travaux des manufactures d'étoffes de laine, de coton et de soie.

L'emploi du lin remonte à la plus haute antiquité, cependant on ne voit pas que sa culture ait éprouvé d'amélioration, non plus que sa préparation. Les toiles si communes chez les anciens, devinrent très-rares en Europe pendant le moyen-âge, les personnages les plus puissans et les plus riches étaient obligés de porter des chemises de laine.

Lorsque la toile reparut, elle fut un objet de luxe si extraordinaire, que la trop célèbre Isabelle de Bavière, femme de Charles VI, fut accusée de prodigalité parce qu'elle s'était donnée deux chemises de toile. Reims est une des villes de France qui ont ressuscité l'art de tisser le lin. La filature du lin et du chanvre se fit au moyen de la quenouille et du fuseau jusqu'en 1530, année dans laquelle Jurgen de Brunswick inventa le rouet à filer. L'anglais Swindell en a imaginé un plus parfait, qui file par heure trente écheveaux sur chaque fuseau.

On appelle étoupe ou filasse, la partie susceptible d'être filée qu'on retire du lin, du chanvre, et qu'on peut obtenir d'un grand nombre de plantes, telles que l'Ortie, l'Agave, l'Aloës, l'enveloppe de la noix de cocotier, les feuilles de plusieurs palmiers, et surtout de celle du *phormium tenax*, ou lin de la Nouvelle-Zélande. Cette dernière plante commence à être cultivée ; on fabrique avec son étoupe les fortes cordes et les étoffes dites de *soie végétale*.

Il y a plusieurs opérations à faire subir à la plante avant d'en obtenir la filasse ; ce sont le *rouissage* et le *teillage*. Le rouissage consiste à faire tremper les tiges dans l'eau, pour les débarrasser de la *gomme résine*, qui unit les fibres ligneuses, aux fibres souples et soyeuses.

Lorsque le chanvre et le lin sont *rouis*, on les *teille*, c'est-à-dire, qu'après avoir fait sécher les tiges à l'air, on les bat entre deux pièces de bois dont l'une est fixe et l'autre mobile ; à chaque percussion, les *chenevottes* ou fibres ligneuses se détachent, tombent, et il ne reste dans la main de l'ouvrier que l'étoupe. Portée à la filature, l'étoupe est peignée à la main, pour la diviser en filamens très-fins ; les machines n'ont pu jusqu'à présent exécuter ce travail qui demande de l'intelligence.

La filature se fait à la main au moyen du rouet, ou à la mécanique, mais ce dernier mode est très-cher, parce qu'il nécessite l'emploi de trois machines très-dispendieuses à établir, de là vient le haut prix des toiles. La première machine réduit l'étoupe en gros rubans; la seconde la prépare en rubans plus fins, et la troisième la transforme en fil. Le fil se dévide à deux reprises, puis on le place dans un vase contenant du savon vert et de l'eau pour le dégorger. Séché et mis en écheveaux, il passe entre les mains du tisserand pour être transformé en toile.

Le tisserand ourdit la chaîne de son tissu en disposant les fils sur une machine dite ourdissoir, puis il l'enduit d'un *parement* pour lui donner de la résistance, ce parement est tout simplement une colle d'eau et de farine. Comme il rend le fil cassant en séchant, pour le maintenir humide, les ouvriers travaillaient autrefois dans des caves ou des ateliers très-malsains.

M. Dubuc, de Rouen, les a affranchis de cette funeste nécessité en ajoutant à la colle 60 grammes d'hydrochlorate de chaux par demi-kilogramme de parement. Cette substance attire continuellement l'humidité de l'air en maintenant la souplesse des fils.

J'ai déjà écrit le métier à tisser en parlant du drap, il est le même que celui qui sert pour les toiles, et il se conduit de la même manière. Au sortir de l'atelier de tissage, les toiles sont envoyées à la blanchisserie, pour les débarrasser du parement et d'une matière colorante, jaune dans les tissus de chanvre, grise dans les tissus de lin; les toiles blanches de coton subissent la même préparation. On nomme toiles écrues celles qui n'ont pas été blanchies après la fabrication.

Le blanchisseur fait tremper les toiles dans de l'eau mélangée de farine de seigle et de son; il s'établit une fermentation qui se prolonge pendant trente-six heures. Lorsqu'elle a cessé, on lave les toiles dans une eau courante, on les passe entre des cylindres très-serrés pour les dégorger, puis on les plonge dans des cuves qui contiennent une solution de chlore, substance qui blanchit rapidement la toilé, en lui enlevant l'hydrogène qui la colore. Ce procédé est dû au chimiste Berthollet.

Le blanchiment des toiles durait autrefois fort long-temps, il se composait d'une suite de lavages et d'expositions au soleil, sur l'herbe d'un pré. Après lui avoir fait subir l'action du chlore, on lave une dernière fois la toile dans une eau de savon noir, puis on lui donne l'apprêt, qui consiste à la faire passer dans une eau chargée d'amidon, d'un peu d'indigo et de sulfate de baryte. Quand l'apprêt est donné, les pièces sont mises au séchoir, enfin elles passent au cylindre, ou bien si elles sont grosses, on les bat avec des maillets.

Toiles cirées et imperméables.

Dans une fabrique, nous avons vu faire des toiles cirées et imperméables. Les toiles cirées reçoivent un enduit d'huile de lin cuite et mêlée de substances colorantes. La toile est tendue sur un châssis, et on la couvre de vernis chaud avec un pinceau ; quand il doit y avoir un dessin, il s'imprime avec des planches enduites de peinture à l'huile. Les toiles imperméables reçoivent un enduit de gomme élastique dissoute, qui se donne à plusieurs couches.

Notre illustre chimiste, Gay-Lussac, a trouvé le moyen de rendre la toile incombustible en l'imprégnant de phosphate d'ammaniaque, ce moyen est précieux pour les toiles des décorations théâtrales, dont l'extrême combustibilité occasionne si souvent de grands désastres.

Le chemin de fer.

18 juin.

Par quelles expressions peindrai-je l'enthousiasme qui me transporte ? comment, mes
chers amis, vous retracer les sensations si
vives, que j'ai éprouvées ? Aucun mot de
notre langue ne peut traduire ni la profonde
stupéfaction, ni l'admiration qui lui a suc-
cédée, ni le ravissement où j'ai été plongé
en parcourant le chemin de fer qui conduit
de Manchester à Liverpool. Travaux immenses, exécution parfaite, constructions hardies,
efforts sublimes du génie humain, tout est
là. Qui n'a pas parcouru un chemin de fer
n'est pas de notre siècle, ne peut pas dire
avoir vécu ! Un chemin de fer, c'est un
livre mystérieux qui renferme mille prophé-
ties consolantes sur l'avenir de la race humaine ! Un chemin de fer, c'est une haute
et profonde leçon de philosophie historique !
Un chemin de fer... mais qu'allais-je dire....
je m'arrête, vous ririez du pauvre enthou-
siaste : passons donc à des idées que vous
appellerez moins vagues et plus positives.

Nous sommes donc à Liverpool, et le
voyage s'est exécuté sur le fameux chemin

de fer dont mon père me fit la description le jour du retour de Valentin. La rapidité de la course est inouïe, mais le mouvement est si doux qu'on ne' s'apercevrait aucunement qu'on fend l'espace comme une flèche, si les arbres, les édifices, les villages ne semblaient fuir comme emportés en arrière par une puissance surnaturelle.

Le mouvement est si insensible qu'on peut lire et écrire en avançant. Cette agréable manière de voyager a charmé ma mère, elle est entièrement réconciliée avec la vapeur, et comme nous, elle admire.

Les tunnels éclairés au gaz, les viaducs aux proportions monumentales, la route au milieu des marais, sont autant de chefs-d'œuvres ; ce chemin de fer mérite que chacun fasse un pèlerinage en Angleterre pour le visiter. Il est animé par des files de wagons chargés de marchandises, par des voitures de voyageurs qui se succèdent sans interruption.

On ne saurait se faire une idée de la multiplicité de voyages qu'un chemin de fer porte à entreprendre : tel, qui ne se serait décidé qu'une ou deux fois dans le cours de sa vie à sortir de sa maison, séduit par la rapidité, par l'économie du transport, préfère

se mettre en route et aller traiter personnelle-
ment ses affaires, plutôt que d'user des lon-
gueurs et des ennuis d'une correspondance.
Des chiffres vont prouver la vérité de cette
assertion.

En janvier, 26,572 ont parcouru le chemin de Liverpool à Manchester; en février,
24,171 ; en mars , 26,880 ; en avril, 31,300 ;
en mai , 35,418 , et depuis le commencement
de ce mois , 56,820 , dont 14,583 dans la
semaine dernière seulement. Total 200,861
voyageurs, depuis le 1ᵉʳ janvier 1835 , jusqu'au 18 juin , résultat immense.

Parlerai-je maintenant de Liverpool , chacun sait que cette ville possède le port marchand le plus important de toute la Grande-
Bretagne , après celui de Londres. La population de Liverpool est de cent soixante-trois
mille âmes. Dans les vastes entrepôts de cette
ville , viennent s'entasser les produits des manufactures de Manchester et des mille cités
industrielles voisines ; ils sont ensuite expor-
tés dans l'univers entier , et en échange , les
productions les plus rares , et l'or des contrées les plus riches du globe , viennent af-
fluer à Liverpool. Décrire le mouvement du
port serait répéter tout ce que j'ai dit en

notant les impressions que j'ai reçues à Londres.

Après demain nous retournons à Manchester.

L'évènement.

Manchester, 23 juin.

Encore vingt-quatre heures, et nous saluerons, des adieux du départ, la riche et laborieuse ville, fille du génie d'Hargreaves et d'Arkwrigh. J'en emporte d'utiles souvenirs, beaucoup d'instruction, et une impression terrible, résultat d'une scène déchirante dont j'ai été hier le témoin ; puisse le récit de ce drame servir à conduire au repentir les paresseux et les dissipateurs.

L'aurore se levait à peine : arrachés au sommeil par le désir de compléter nos observations, nous étions depuis une heure sortis de notre hôtel, quand au détour d'une rue, nous fûmes arrêtés par un groupe nombreux d'ouvriers entourant la porte d'une grande manufacture.

La foule était si pressée qu'elle nous opposait une barrière infranchissable, cependant on voyait qu'elle formait un cercle autour de quelque objet qui excitait puissamment son intérêt ; toutes les figures portaient l'empreinte de la tristesse et de la compassion.

Samuel, disait un de nos plus proches voisins, je t'assure que c'est lui, je l'ai parfaitement reconnu.

— Vraiment, répliqua l'autre, alors la prédiction de son honnête homme de père s'est vérifiée.

— Quelle prédiction ? dit un troisième.

— Ah ! voyez-vous, c'est que j'ai été élevé dans la maison, et j'ai tout vu de près, donc, son père lui disait : Nathan, je suis né dans un pauvre village, j'ai été simple ouvrier, et si, après moi, je te laisse un million sterling, crois-tu que je l'ai amassé à ne rien faire !

— Ah, oui ! à ne rien faire ! il a été heureux, c'est vrai, mais il s'est donné du mal, celui-là, reprit un autre voisin.

— Et la prédiction ! la prédiction !

— Ah ! m'y voici : Nathan, c'est le père, voyez-vous, qui parlait comme cela, et je l'ai entendu : Nathan, tu n'as rien voulu apprendre lorsque tu étais au collége et à l'université ; aujourd'hui, tu ne veux pas me seconder, tu ne t'occupes que de chevaux, de chiens, de voitures, de parties de plaisirs,

tu veux faire le grand seigneur ; eh bien !
tu te ruineras, tu mendieras ton pain à la
porte de cette maison, et tu mourras dans
la misère !

— Et que disait le jeune homme ?

— Il riait, il disait bath ! tu vois tout en
noir ! eh ! qu'ai-je besoin de m'enterrer dans
des livres de caisse, de m'occuper de coton,
de teinture : je suis riche, il faut bien jouir
de la vie.

— Oui, il en a joui ; mais maintenant !...

— Ah ! maintenant j'aime mieux être Samuel Tippary, l'ouvrier fileur, que Nathan
Staplewell. Cette conversation excitait vivement notre curiosité. Tout à coup, parurent
deux hommes, l'un en costume d'ouvrier,
l'autre vêtu de noir ; la foule s'ouvrit à leur
aspect, et l'on entendit circuler ces mots :
le docteur ! voilà le docteur ! Nous profitâ-
mes de ce mouvement pour avancer au centre du cercle.

Là, gisait couché sur la fange du pavé,
un homme au visage hâve et cadavéreux,
aux vêtemens en lambeaux et grossiers ; sa
tête appuyée sur les genoux d'un ouvrier qui
la soulevait, retombait sans force, ses yeux
éteints semblaient privés de la faculté d'entrevoir les objets, sa poitrine se soulevait
fréquemment et rapidement pour introduire

l'air dans le poumon qui allait bientôt cesser ses fonctions, la mort saisissait sa victime.

A peine le docteur eut-il envisagé le moribond, qu'il dit : Nathan Staplewell ! dans cet état, et ici ! une larme glissa sur ses joues.

Après quelques minutes données à l'examen du malheureux malade, le docteur se releva en disant : Hélas ! il n'y a plus d'espoir de le sauver, l'abstinence, la faim, ont trop profondément altéré les organes digestifs... Alors, il lui goutta entre les dents quelques gouttes d'une potion. Bientôt le malade ouvrit les yeux ; ils parcoururent d'un air stupide la foule qui contemplait avidement ce spectacle hideux ; puis ils se fixèrent sur le médecin.

Sa vue, ou l'effet de la potion, ranimèrent un moment cette intelligence éteinte. Blakston ! dit le moribond ; le docteur lui prit la main.

— Blakston, que je n'avais pas revu depuis le collége ! Tu étais laborieux, toi, tu aurais réussi dans le monde !.., mais moi.... cette maison..... oh mon père !..... mon père !.... La tête du mendiant retomba, il était mort !!...

M. Blakston donna les ordres pour que l'on transportât chez lui le corps de l'infortuné Nathan , il voulait fournir aux frais de ses funérailles , mais les ouvriers ouvrirent sur-le-champ une souscription , pour donner un asile décent au fils de celui qui leur avait si long-temps procuré du travail : c'était Samuel Tippary qui recueillit l'offrande modeste de chaque assistant. Mon père lui remit son tribut, et lui demanda quel était ce malheureux qui venait d'expirer.

Nathan Staplewell.

Ce malheureux, dit aussitôt Samuel, n'est autre que Nathan , le fils unique du riche manufacturier Jérémiah Staplewell , grand shériff du comté , membre de la chambre des communes. Il était né dans cette maison au sein de l'opulence ; vous l'avez vu mourir sur le seuil de la porte dans la plus profonde misère.

Nathan, élevé comme tous les enfans riches, dans la mollesse, adulé de tous ceux .qui l'entouraient, sachant qu'il possèderait un jour une immense fortune, dédaigna de s'instruire , parce que la science ne s'acquiert pas sans peine et sans travail. Il passa par le collége et l'université pour la forme et pour satisfaire à l'usage, car il n'y apprit rien de bon.

A Oxford , il fit la connaissance de quelques jeunes lords bien fats , apprentis débauchés , qui lui montrèrent l'art de se ruiner rapidement et lui donnèrent le goût du jeu et de la dépense. Un de ces charitables amis', cadet d'une bonne famille , mais sans héritage à prétendre , parce que son aîné, suivant l'usage , devait soutenir l'éclat de la maison , s'attacha spécialement au pauvre Nathan, qu'il créa son banquier et l'intendant de ses plaisirs.

En six mois, Nathan fit des dettes pour une somme si forte , que le pauvre monsieur Jérémiah se hâta de le rappeler. Il crut pouvoir réformer les tristes habitudes de son fils , et lui inspirer l'amour du travail en l'associant à son commerce ; mais il était trop tard , le jeune homme abhorrait tout ce qui nécessitait de la réflexion et de l'assiduité ; il recommença son train de vie d'Oxford , et se lia avec tous les riches oisifs du comté. M. Jérémiah Staplewell en conçut tant de chagrin qu'il mourut.

Ce fut un bonheur pour lui, car combien aurait-il souffert s'il eût vu la ruine de sa maison ! A peine eut-il fermé les yeux, que Nathan appela près de lui son mauvais sujet d'ami d'Oxford. Oh ! alors , ce fut une vie désordonnée, les bals, les concerts, les dîners, les assemblées ne discontinuèrent plus ; monsieur eut des chevaux de course, des équipages brillans, des meutes, des piqueurs, un château, c'était de trop, quoique l'héritage put y suffire ; mais il ne pouvait résister à l'avidité d'un intendant et Nathan Staplewell eut un intendant, qui n'était rien moins que le mauvais sujet d'Oxford ; il eut encore un associé gérant de la fabrique, c'était aussi le mauvais sujet.

Pendant trois ans que dura ce train de vie, Nathan dépensa des sommes énormes, bientôt il lui fallut recourir aux emprunts, ce que l'on ignora, parce que l'intendant associé se chargeait de trouver des prêteurs. Le malheureux ! il avançait, sous le nom de fripons de son espèce, des sommes qu'il volait à son infortunée dupe.

Nathan ignorait la situation de sa fortune, et l'idée seule d'examiner un compte révoltait sa paresse ; il aimait mieux laisser carte blanche au factotum, à qui il remettait souvent des blancs-seings pour éviter d'entendre parler d'affaires.

Nathan était ruiné ; l'intendant possédait toute la fortune laissée par Jérémiah, mais insatiable qu'il était, il n'avait pas assez d'une victime. Il engagea donc Nathan à se marier, et lui trouva une riche héritière, jeune personne aimable, pleine de vertus, mais ne sachant rien des affaires et habituée aussi au luxe et à la dépense.

Ce fut un an après le mariage, que l'infâme intendant leva le masque, il exposa aux deux époux un état de situation effrayant... Nathan allait faire faillite, cependant madame pouvait le sauver en engageant ses biens. Elle le fit, ne se réservant qu'une terre d'un modique revenu. Alors le perfide persuada à M. Staplewell de vendre sa manufacture : c'était lui qui l'achetait sous un nom supposé.

En six mois, il eut absorbé les fonds provenus de la vente des biens de madame Staplewell. Le malheureux Nathan vit alors clairement le gouffre dans lequel il allait tomber, il crut l'éviter en hasardant les chances du jeu ; il perdit ce qui lui restait.

L'ancien intendant le voyant sans autre ressource que la petite terre appartenant à Mme Staplewell, fit usage d'une signature qu'il possédait encore, et un matin un huissier vint arrêter Nathan pour une dette qui lui était inconnue ; la pauvre Mme Staplewell ne put racheter la liberté de son mari qu'en faisant cession du faible débris de ses biens.

Les deux époux restèrent sans ressources, Nathan essaya de se créer une occupation utile ; à force de sollicitation, il obtint une place dans les buréaux d'un négociant. Quand il y fut installé, sa paresse l'entraîna ; d'abord il négligea les devoirs de son emploi, puis il s'absenta fréquemment sous les prétextes les plus frivoles ; on le congédia et personne ne voulut l'employer.

Dans sa détresse, il s'offrit pour s'engager dans un régiment, mais sa chétive apparence, usé qu'il était par les plaisirs, fit qu'on le refusa. Mme Staplewell, par un travail qu'elle prolongeait fort avant dans la nuit, subvint, en partie, aux modiques dépenses du ménage ; l'infortunée vit ses forces s'affaiblir, une maladie grave l'atteignit, elle mourut à l'hôpital, victime de la paresse et de la prodigalité de son mari.

Nathan quitta Manchester, on sut qu'il était employé à Londres en qualité de domestique dans la maison d'un seigneur. Il ne put se faire à l'assiduité, on le chassa. Le pauvre Nathan n'eut pas plus de courage en cherchant à travailler comme ouvrier dans différens états. Tombé dans la plus grande misère, il mendia, fut arrêté, condamné comme vagabond à une année de prison, et à l'expiration de sa peine, il revenait pour profiter des secours que chaque paroisse doit à ses pauvres, lorsqu'il tomba épuisé par la faim et la misère sur le seuil de l'opulente maison où il était né ; vous avez été témoin de sa mort.

Après ce récit, Samuel, que la foule environnait pour l'entendre, continua sa quête.

Yorck.

30 juin.

Depuis trois jours nous sommes dans cette ville capitale d'un comté de même nom. Le comté d'Yorck produit une quantité prodigieuse de laine magnifique, aussi les manufactures où l'on emploie cette matière première, sont nombreuses. Halifax est la seconde ville du comté, sa situation sur une hauteur rend sa position une des plus agréables que l'on puisse trouver.

Halifax possède un grand nombre de manufactures de draps, nous les avons vues. Elles ne fabriquent pas mieux que celles de France, mais à meilleur marché, parce que la laine, le fer et la houille, sont à plus bas prix dans la Grande-Bretagne que dans notre patrie. Les procédés des fabriques anglaises sont, à quelques légères différences près, les mêmes que les nôtres, et nous avons trouvé peu de choses à leur emprunter pour l'introduire chez nous.

Les étoffes rases.

Dans Yorck, il y a plusieurs manufactures d'étoffes de longues laines, telles que poils de chèvres, mérinos, alépines, etc.; il y a aussi des fabriques de tapis. Toutes ces étoffes sont dites rases, parce qu'elles ne se feutrent ni ne se tondent. La préparation des laines pour étoffes rases, diffère de celle pour étoffes feutrées, en ce qu'on ne les carde pas avant de les filer, mais qu'on les peigne. Lorsqu'elles sont filées on les monte et on les tisse; l'étoffe est d'autant plus fine, que le fil est plus délié.

Les mousselines de laine se font avec du fil d'une extrême finesse. Les mérinos, les alépines se teignent en pièce après la fabrication; les mousselines de laine et quelques tissus dits poils de chèvre, s'impriment de la même manière que les toiles peintes.

Les flanelles se font avec de belle laine fine, on les foule légèrement, et on en fait sortir un peu le poil. Les peluchés sont des étoffes de laine veloutées, composées d'une trame d'un simple fil de laine retort à deux brins, et d'une chaîne de longue laine. On a fabriqué des peluches en France pour la première fois, en 1690.

Les tissus dits poils de chèvre, sont comme on le voit formés de laine de mouton, cependant il n'est pas impossible d'employer au même usage la toison de la chèvre. Ainsi les tentes des Arabes sont en poils de chèvre noire ou en poils de chameau ; ces poils sont filés à la main, puis tissés par les femmes, qui en font une étoffe si serrée que la pluie ne peut la pénétrer.

Le tissu le plus précieux est fourni par les chèvres, c'est le cachemire ou schall. La fabrication de cette étoffe remonte à l'antiquité la plus reculée, puisqu'il est question des schalls dans les monumens littéraires sanscrits. C'est le pays de Kaschmir, dans l'Inde septentrionale, vers les hautes vallées de l'Indus, qui fournit ce précieux tissu. On emploi à sa fabrication non pas le poil, mais le duvet qui se trouve sous le poil d'une chèvre de l'Hymalaya, que l'on mêle à des laines fines de brebis.

Ce duvet se nomme *tali* en langue indienne,

et la laine fine *avouel-touss*. La laine du cachemire est filée à la main et teinte en fil avant d'être tissée. On imite parfaitement les schalls de cachemire en France, mais le brillant des couleurs paraît tenir à la qualité des eaux.

Les Kaschmiriens fabriquent aussi de beaux draps avec des laines fines qu'ils nomment *duawm-touss*, on les a imités en Europe sous le nom de casimirs, par altération du mot Kaschmir.

Le duvet des chèvres du Thibet, ou de l'Hymalaya, a été introduit en France en 1815. En 1818, M. Jaubert, savant orientaliste, fit un voyage dans la Russie méridionale, pour y faire l'acquisition de chèvres thibetaines. Il en réunit près d'Astracan mille deux cent quatre-vingt-neuf, qu'on embarqua ; mais il en périt en mer une grande partie, et en abordant à Marseille, il n'en restait plus que quatre cent.

Les tapisseries.

Les tapis et les tapisseries, ne sont pas d'une moins antique invention que les schalls et les tissus de lin. Les tapis faisaient partie du commerce de l'Orient chez les anciens ;

Babylone en fabriquait de très-renommés. On lit dans les historiens chinois, que onze cents ans avant J.-C., on faisait en Chine des ouvrages en tapisserie. L'Inde et la Perse ont été de tous temps renommées pour leurs splendides tapis.

Les Grecs se sont exercés également dans ce genre d'industrie. Aristote cite une tapisserie sur laquelle l'artiste avait représenté les six grandes divinités de l'olympe. D'après un passage de Pline, on sait que les habitans d'Alexandrie d'Egypte, tissaient les tapisseries au métier, sans le secours d'aiguilles. L'Occident, sous les empereurs romains, voulut rivaliser avec l'Orient, dans cet art qui tient de si près à la peinture; l'Italie et la Gaule s'y distinguèrent Dans le moyen-âge, le travail de la tapisserie devint l'occupation des princesses et des châtelaines.

Un des ouvrages les plus remarquables sortis des mains royales, est la célèbre tapisserie de la reine Mathilde, femme de Guillaume-le-Conquérant; cette tapisserie décrite et gravée dans l'histoire de la conquête de l'Angleterre, de Thierry, est conservée dans la cathédrale de Bayeux; elle a dix-neuf pouces de haut, sur deux cent dix pieds onze pouces de longueur; sur cette toile immense, Mathilde, aidée de ses demoiselles suivantes, a retracé à l'aiguille tous les hauts faits du normand Guillaume en Angleterre.

Arras, Lille et la Flandre, fournissaient toute l'Europe de tapisseries de tenture, avant que l'on inventât les tentures plus économiques de papiers peints.

Colbert fonda, en 1667, la manufacture des Gobelins, et la mit sous la direction de Lebrun, premier peintre de Louis XIV. Il choisit à cet effet une teinturerie sur la rivière de Bièvre, qui avait été établie en 1450, par un nommé Jean Gobelin. Jans, manufacturier de de Bruges, fit aux Gobelins les premières tapisseries de haute et basse lice.

Protégée par les rois de France, la manufacture de France, la manufacture de Colbert devint sans rivale dans le monde entier; elle copie avec une vérité étonnante les tableaux de nos plus grands maîtres. Cette manufacture possède une école de teinture, le directeur actuel, le savant M. Chevreul, y fait tous les ans un cours de chimie appliqué à l'art de fixer les couleurs sur les tissus et leurs matières premières. Beauvais renferme aussi une manufacture royale de tapisserie; on n'y exécute que des meubles; elle a été fondée en 1664, par le Flamand Bragel.

- 10..

La Savonnerie, aujourd'hui réunie aux Gobelins, produit des tapis qui rivalisent avec ceux de l'Orient. Cette manufacture prit naissance au Louvre même, en 1603; dans l'année qui suivit, Henri IV la fit transporter à Chaillot, dans les bâtimens de la savonnerie.

Colbert releva cette manufacture, et en acheta les bâtimens, au nom de la couronne. La ville d'Aubusson fabrique les tapis les plus renommés pour l'usage public; car les tapis de la Savonnerie sont d'un prix trop élevé pour être livrés au commerce.

Il y a deux méthodes pour travailler la tapisserie, la haute et basse lice : la haute lice est la méthode usitée aux Gobelins, et elle convient seule pour les grands ouvrages. Le métier à tisser est perpendiculaire et la chaîne tendue du haut en bas.

L'ouvrier assis derrière la pièce qu'il travaille, a devant lui une toile blanche sur laquelle le trait du tableau qu'il doit copier est dessiné. Avec une pierre noire il trace le même trait sur sa chaîne, puis, à l'aide d'un papier huilé, il décalque sur le tableau original les traits de détails et les transporte sur son travail. Alors, il commence sa tapisserie avec des laines et des soies dont les couleurs ont été assorties à celles du tableau par les chefs d'ateliers.

La tapisserie de basse lice sert surtout pour les tapis de petite dimension, elle se fait sur le métier horizontal et à l'envers; l'ouvrier baisse et lève les fils de sa chaîne, à l'aide de marches comme le tisserand, son travail est plus prompt, mais moins parfait que celui de haute lice.

La trame, en tapisserie, ne se fait pas à la navette, mais à la main. Les fils de couleur sont placés sur des broches, l'ouvrier prend le fil de la nuance à employer, l'attache au point convenable de la chaîne, puis, tirant de la main gauche les lices qui embrassent le nombre de fils de chaîne que doit recouvrir la nuance, il passe sa broche derrière avec la main droite, quittant ensuite ses lices, il passe la main gauche entre les fils et ramène sa broche en sens contraire. Cette allée et venue de la broche, se nomme une *duite.*

Yorck ne fabrique que des tapis de haute et basse lice ; mais pas de tapisseries, que l'on ne fait guère maintenant qu'aux Gobelins, à Pétersbourg et à Turin.

Le tannage.

Yorck, 1er juillet.

Lorsque nos études sur la fabrication des tissus ont été complètes , vous avons voulu voir une tannerie , avant de quitter Yorck. Les opérations du tannage nous étaient familières, pour les avoir examinées au faubourg Saint-Marceau , à Paris , mais il est bon de comparer les mêmes industries chez plusieurs peuples. Il n'y a aucun doute sur la connaissance que les anciens ont eu de l'usage du cuir ; en effet, la solidité des peaux des animaux a dû attirer de bonne heure l'attention sur leur préparation et leur emploi. Comme nous , les anciens ont fabriqué des chaussures de cuir.

Ainsi , dans l'Odyssée , nous voyons Laërte chausser des bottes de cuir, il couvre aussi ses mains de gants de la même matière , pour arracher des épines dans son verger. Plusieurs nations recouvraient leurs boucliers de cuir, et les ingénieurs italiens et grecs en munissaient les tours de bois dont ils se servaient pour attaquer les villes , afin de les garantir des feux des assiégés.

Avant de pouvoir être employé , le cuir

doit subir l'opération du tannage, qui lui donne de la force et la propriété de se conserver. Long-temps l'art du tanneur n'a été qu'une routine, mais la chimie moderne est venue l'éclairer et lui poser des règles fixes. Les peaux brutes sont appelées *vertes*, en terme de l'art ; tantôt elles arrivent fraîches, tantôt sèches et salées. On lave les premières arrivées à la tannerie, et on met les autres tremper pour les assouplir et les débarrasser du sel. Cela fait, on les débourre, c'est-à-dire, qu'on en ôte le poil. Il y a quatre moyens de débourrer : 1° un bain d'eau de chaux ; 2° un bain d'eau chargée de pâte aigre, d'orge et de seigle ; 3° un trempage dans la *jusée* chargée d'acide sulfurique, la jusée est de l'eau dans laquelle on a fait infuser du tan ; 4° en empilant les peaux les unes sur les autres dans une étuve ; il s'établit alors une fermentation qui détache le poil. Après ces bains, qui durent de six semaines à deux mois, on lave les peaux ; on les étend sur un chevalet, et on ôte le poil en raclant la peau avec une sorte de couteau sans tranchant.

Vient ensuite le travail de rivière, les peaux sont mises à l'eau, foulées et *queursées*, c'est-à-dire, frottées avec une *queurse* ou pierre à aiguiser, qui les débarrasse de l'épiderme, de la chaux et du reste des poils ; le travail de rivière se répète trois ou quatre fois, il adoucit le cuir et le rend flexible:

Si le cuir est destiné à fabriquer des semelles, on le fait gonfler dans un second bain alcalin, sinon on le tanne immédiatement.

La base du tannage c'est le *tan* ou écorce de chêne moulue et réduite en poudre. Ce tan contient un principe chimique, nommée tannin, dont la propriété est de conserver et durcir les substances animales.

Dans une fosse en maçonnerie, dont les bords sont à fleur de terre, on établit une couche de tan qui a déjà servi, on lui donne 16 centimètres d'épaisseur, puis on la recouvre d'une autre couche de tan neuf, de 27 millimètres d'épaisseur. Alors on étend une peau, puis une couche de tan, et ainsi de suite jusqu'à ce que la fosse soit pleine, on les foule aux pieds et on fait arriver de l'eau par un petit conduit de bois.

La fosse reste deux mois en cet état, temps suffisant pour que le tannin du chêne soit dissous dans l'eau, et combiné avec le cuir. On vide alors la fosse, on renouvelle le tan, et après quatre mois d'une nouvelle imbibition, l'opération est achevée. Pour les cuirs forts, il faut encore deux renouvellemens du tan ; on sèche à l'air les cuirs tannés ; puis on les étend pour les frotter avec de la *tannée* ; on les frappe, on les expose à l'air, et enfin ils peuvent être livrés au commerce.

Un procédé expéditif de tannage, mais qui altère le cuir, consiste à coudre les peaux en forme de sacs, à les remplir de tan et les mettre en fosse : deux mois suffisent pour cette opération, dite au *sippage* ou à la *danoise*.

M. Séguin préparait des cuirs en vingt-cinq jours, mais ils n'avaient aucune qualité. M. Favier a trouvé un procédé pour tanner en trois mois les cuirs les plus forts, la Société d'encouragement lui a décerné un prix, cependant les tanneurs n'ont pas adopté sa méthode.

Ici, les fosses sont remplies d'une forte solution de tan, et les peaux trempent dans la liqueur. Un tanneur anglais, M. Gibbon Spilsburry, tanne des cuirs de petite dimension en peu de temps de la manière suivante : il étend les peaux sur des châssis, en fait une sorte de caisse, puis introdui dedans de la liqueur tannante, l'air sort de la caisse à mesure qu'elle se remplit d'eau, et le poids du liquide fait qu'il filtre à travers les peaux en leur abandonnant son tannin. Cette méthode est expéditive, mais ne peut être employée pour des peaux entières.

La seule différence que nous ayons trouvée entre les procédés anglais et les nôtres, est la manière de mettre les peaux en fosse. Les Anglais n'alternent pas les cuirs avec des couches de tan, ils font arriver dans la fosse de l'eau chargée de *tannin* ou principe actif de l'écorce de chêne ; cette eau s'écoule de la fosse dans un puisard, d'où on la retire pour la reverser sur le cuir.

Les mottes à brûler qui servent de chauffage à Paris, se font avec du tan qui a perdu tout son principe actif par suite de l'opération du tannage.

En terminant ces observations sur la fabrication du cuir, je ne puis me dispenser de parler d'un art que l'on regarde ordinairement comme un des plus vulgaires, et à tort, car il peut donner naissance à d'admirables mécaniques, - telles que celles inventées par le célèbre Brunel.

Cet art est celui de la cordonnerie. Un bon cordonnier, loin d'être un ouvrier ignorant et routinier devrait avoir des notions anatomiques sur la structure du pied, des connaissances sur les déformations et les maladies de ce membre, il devrait étudier assez d'hygiène * pour savoir que le séjour des pieds dans l'humidité est la cause d'un grand nombre de maladies, surtout de cette affreuse phtisie du poumon qui donne la mort à un si grand nombre de jeunes gens : fabriquer des chaussures imperméables doit donc être le but constant des efforts de son génie.

Cet art du cordonnier possède comme tous les autres des annales historiques, qui remontent aux temps les plus reculés. Garantir les pieds contre les inégalités du sol, les défendre contre les atteintes des végétaux épineux, sont deux besoins que l'homme a éprouvés dès la naissance des sociétés, et qui ont produit l'art de la fabrication des chaussures.

Les premiers essais ont dû être très-informes ; une écorce grossière étendue sous la plante du pied, la peau d'un animal attachée sur ce membre et sur la jambe. Tels sont encore aujourd'hui les mocassins des sauvages

---

* Science de la conservation de la santé.

de l'Amérique ; chaussures cousues sur le pied et destinées à y rester jusqu'à ce qu'elles tombent en lambeaux ; un morceau de peau de cerf ou d'élan , grossièrement tanné , en fournit la matière ; telles sont aussi les chaussures de peau de phoque et de baleine , que les Esquimaux placent éga- ment à demeure autour de leurs pieds ; voilà le type de la chaussure primitive · empruntée à la dépouille des animaux , comme les san- dales d'écorce de tilleul des paysans russes , sont le type de la chaussure végétale des premiers hommes.

Dans l'Asie orientale , le chaussure faite dē tissus de végétaux , a été adoptée la première ; les Indous des temps où l'on écrivit les grands poèmes sanscrits du Ra- mayana et Mahabharata , portaient dans les villes , des sandales de jonc tressé , ou de feuilles de palmier. En Chine et au Japon , on se sert encore de pantoufles de paille de riz.

La chaussure de cuir n'a cependant pas été inconnue à ces contrées ; les anciens monumens chinois parlent de chaussures de cuir. Les bandelettes dont on serre les pieds des femmes chinoises , d'une naissance dis- tinguée, pour les empêcher de croître et de se développer , datent également d'une haute antiquité ; les annales chinoises rapportent que, vers l'an 1150 avant J.-C., l'impératrice Ta-Kia, femme du tyran Cheou-Sin , ayant les pieds difformes et comme avortés , les comprimait avec des bandelettes , coutume qu'adoptèrent , pour flatter cette fière et cruelle princesse , toutes les femmes riches et de haute naissance.

Depuis ce temps , cette mode ridicule s'est conservée ; une femme dont les pieds sont de grandeur naturelle , est reconnue de suite pour appartenir aux dernières classes du peuple.

L'antique empire de l'Erienne ou Médo-Bactrien , Babylone , la Phénicie , l'Egypte adoptèrent les chaussures de cuir et les chaussures de tissus végétaux ; j'ai vu dans des collections d'antiquités égyptiennes , des souliers de cuir , entièrement semblables aux nôtres, par la forme et la confection ; c'é-taient des chaussures d'hommes du peuple. Dans les tombeaux des hommes de la caste sacerdotale , on trouve des pantoufles dont la semelle est faite d'écorce de papyrus , et le dessus en toile de lin plus ou moins ornée de broderies , ces pantoufles semblables à nos mules , n'ont point de quartiers au talon..

La chaussure militaire représentée sur les monumens, est une sorte de sandale, se relevant en longue pointe par-devant.

En Grèce on fit usage de sandales et de bottines de cuir; du temps d'Homère, les bottes de cuir servaient aux voyageurs; les Romains empruntèrent aux Grecs, ces deux sortes de chaussures. Cependant en Egypte, en Grèce et en Italie, l'usage était de marcher nu-pieds dans les maisons, et souvent même lorsqu'on sortait dans les villes soit pour vaquer à ses affaires, soit pour se rendre aux assemblées publiques. Les anciens sénateurs romains paraissaient au sénat sans chaussures, et le grand Caton d'Utique, qui s'efforçait de conserver dans sa personne et ses habitudes la sévérité des mœurs antiques, afin d'être comme une protestation vivante, contre la dépravation morale qui s'accroissait de jour en jour; Caton, soit qu'il siégeât au sénat, soit qu'il s'assît sur la chaise curule du préteur, ou qu'il haranguât le peuple dans le forum, avait toujours les pieds nus.

La chaussure militaire romaine, consistait en une sandale, appelée *caliga*, c'était une épaisse semelle de cuir, garnie de gros clous, que des courroies entrelacées, fixaient sur le pied et autour de la jambe. L'empereur Caïus César, reçut le surnom de *Caligula*, parce qu'il avait adopté la *caliga* militaire pour chaussure habituelle.

Les différentes sortes de chaussures romaines, étaient la *sandale* (solea), semelle de cuir attachée sur le pied, par des courroies qui s'entrelaçaient entre les pieds.

Le *calceus*, soulier semblable au nôtre, *ocrea* et *crepida,* la botte de cuir; *caliga*, la chaussure militaire; *cothurnus*, brodequin de cuir que chaussaient les chasseurs, et surtout les acteurs tragiques; de là les expressions de *cothurnatio*, scène tragique; *cothurnaté* tragiquement; *cothurnatus vates*, poète tragique; *cothurnatus sermo*, style grave élevé. Le *cothurne* venait de la Grèce, où il servait aux mêmes usages, on l'y nommait *cothornos* et *cothurnos*. Les esclaves romains portaient des sandales de bois.

Les Gaulois, avant la conquête romaine, portaient un soulier à la semelle de bois, revêtu de cuir au-dessus du pied et autour du talon; cette chaussure encore en usage dans les provinces du Nord de la France, qui composaient le *Belgiaid* des *Kimris*, la *Belgique* de César, y est nommée galoche, c'est-à-dire chaussure gauloise. Nos ancêtres portaient aussi le soulier de bois, ou sabot de nos paysans.

Après la conquête romaine, les Gaulois adoptèrent la chaussure de leurs vainqueurs. La chaussure devint une marque de dignité; ainsi dans les derniers temps de la république romaine, les sénateurs portèrent une bottine de couleur noire, ornée d'un croissant d'or ou d'argent sur le coude-pied, chaussure qui fut adoptée sous l'empire par les magistrats. Les Empereurs, les Césars, revêtirent un brodequin de pourpre. Les Patrices portèrent la chaussure des magistrats, comme on peut le voir sur les monumens qui représentent le koning des Francs du Neoster-Rik, Khlodowigh (Clovis), après que l'empereur Anastasios, lui eût envoyé les insignes du Patriciat.

Les chaussures devinrent rares après l'établissement des Francs dans la Gaule, ainsi Charlemagne ou Karl-le-grand, ordonna par un des décrets, dits capitulaires, aux prêtres de chausser des sandales, lorsqu'ils célébraient les saints mystères. Léobald, abbé de Floriacum, légua deux sandales à son église, dans le septième siècle de notre ère. Il n'en était plus de même dans le quatorzième siècle, les ecclésiastiques étalaient un luxe de chaussure si scandaleux, qu'ils encoururent les censures de Rome.

Tout le monde connaît l'histoire de la mode bizarre des souliers à la poulaine, qui se perpétua malgré les ordonnances royales et les menaces d'excommunication, depuis Philippe - Auguste jusqu'à François Ier. La longueur de ces chaussures originales, variait selon l'importance et le rang de l'homme qui les portait, cette longueur atteignait jusqu'à un pied pour les riches bourgeois; deux pieds pour les seigneurs de fiefs et les hauts barons; les figures les plus grotesques et souvent les plus immorales, des cornes singulièrement contournées, ornaient les poulaines, déclarées une invention dérisoire de Dieu et de l'église, par les prédicateurs. Ces pointes incommodes rendaient la marche fort pénible . souvent au moment de combattre, les nobles chevaliers étaient obligés de les couper. Sous Charles VI, les pointes disparurent momentanément, pour être remplacées par des extrémités d'un pied de large.

L'anglais Blackstone, cite une ordonnance d'Édouard IV, en 1462, qui défendait aux gentilshommes au-dessous du rang de lord, de porter des souliers et des bottes dont la pointe eût plus de deux pouces. De nos jours, les modes s'occupent peu de varier les formes des chaussures.

La botte et le soulier sont les vêtemens qui défendent les pieds des Européens modernes contre le froid et l'humidité. Pour conserver de belles proportions aux pieds , les chaussures ne doivent être ni trop larges ni trop étroites ; les chaussures larges occasionnent par suite du frottement , des cors et des durillons très-douloureux; les chaussures étroites ont les mêmes inconvéniens ; de plus, elles écrasent, et contournent les doigts des pieds, et rendent la marche très-pénible.

La botte diffère du soulier en ce qu'elle est munie d'une tige de cuir, qui embrasse la jambe.

Tout soulier est composé 1° d'un dessus ou empeigne , dont la matière est un cuir de peau de veau , de cheval ou de chèvre ; 2° des quartiers qui entourent le talon ; 3° de la semelle ; 4° du talon qui élève le derrière du pied. Les semelles sont formées de plusieurs couches d'un cuir très-épais de vache ou de bœuf ; un grand nombre de cuirs se tirent de l'Amérique du Sud, par la voie de Buenos-Aïres.

L'Amérique méridionale renferme de vastes solitudes, appelées Pampas, ce sont d'immenses plaines couvertes de pâturages, dans lesquelles les bœufs amenés d'Europe par les premiers colons, se sont multipliés à l'infini ; ils y sont redevenus sauvages, leurs troupeaux se composent de milliers d'individus qui se défendent vaillamment contre les animaux féroces. Les gauchos ou paysans américains-espagnols, chassent ces bœufs à cheval, et les saisissent avec le *lasso*, longue et forte corde, armée d'une boule de bois ou de fer, qu'ils lancent avec une adresse infinie.

Voici maintenant comment on fabrique les souliers en France et en Angleterre.

En France, l'ouvrier taille le cuir de l'empeigne et des quartiers, d'après la mesure du pied de la personne qu'il doit chausser ; il fixe ensuite avec de petites pointes, son cuir taillé, sur un pied de bois nommé forme, alors il coud l'empeigne à la *trépointe*. La trépointe est une bande de cuir, de 15 millimètres de large, qui entoure la base de l'empeigne et des quartiers, et doit servir ensuite à les fixer à la semelle. Ceci achevé, il coud la trépointe à la première couche de la semelle, puis cette première couche à la seconde, et il attache alors le talon.

L'ouvrier râpe le tour de la semelle avec un instrument, le polit et le colore en noir, pour lui donner l'apparence d'une seule pièce de cuir. Pour coudre, le cordonnier est assis, il appuie sa forme sur le creux de son estomac, habitude funeste, qui occasionne de graves maladies de cet organe, surtout des cancers.

Une grande partie des malades affectés de squirres et de cancers d'estomac, admis dans les hôpitaux de Paris, sont des cordonniers. L'ouvrier coud son cuir en perçant des trous avec une alène, il y introduit de gros fil de Bretagne enduit de poix, des soies de sanglier lui servent d'aiguilles; le tire-pied ou bande de cuir qui embrasse la forme, la jambe et le pied du cordonnier, retient la forme pendant qu'il tire son fil et serre les points.

En Angleterre, le cordonnier travaille debout, il évite ainsi toutes les maladies qui résultent de la pression de la forme contre la région de l'estomac. Sur un tréteau disposé à la hauteur de l'ouvrier, est fixé un coussin percé dans son centre. Ce coussin fortement rembourré, porte la forme qu'embrasse un tire-pied cloué à une pédale, sur laquelle le travailleur place son pied et appuie lorsqu'il coud.

Il est impossible de fabriquer un soulier

cousu , capable de préserver entièrement le pied de l'humidité , et en voici les raisons ; le] fil de chanvre quoiqu'il soit enduit soigneusement de poix , éprouve des alternatives de sécheresse et de d'humidité ; lorsqu'il est sec , il se resserre et presse fortement sur les coutures, mais dès qu'il absorbe de l'eau, il s'allonge , les coutures se disjoignent et l'humidité entre dans le soulier , le fil se pourrit ensuite , il se détache et la chaussure ne vaut plus rien.

Les Américains des États-Unis ont remédié à ce grave inconvénient , par l'invention des souliers sans couture, dits *corioclaves* , c'est-à-dire de cuir et de clous. Ce procédé introduit en France, par M. Barnet, consul américain , n'y a pas réussi , parce que dans notre pays, on a une malheureuse prévention contre tout ce qui est nouveau.

Les souliers corioclaves ont l'empeigne et les quartiers attachés sur la semelle , par des clous rivés des deux côtés ; il est impossible que les diverses parties de la chaussure se disjoignent , et que l'eau ou la poussière pénètrent par les joints. Les souliers corioclaves durent le double des autres.

Notre compatriote, l'ingénieur Brunel, l'architecte du tunnel de la Tamise, cet homme méconnu en France , et qui a porté chez nos voisins une foule d'inventions utiles, s'est emparé du procédé américain, et l'a fécondé par son talent. J'ai vu l'établissement dans lequel il fait fabriquer mille paires de souliers par jour, par trois cents soldats invalides ; il est impossible de distinguer à la vue, si ces chaussures sont clouées ou non, elles servent à la fourniture de l'armée anglaise.

Une mécanique taille en une seconde des quantités d'empeignes, une autre coupe les semelles, une troisième découpe des clous dans des feuilles de tôle épaisse. Les trous d'assemblage sont également percés plusieurs à la fois, par un instrument ; l'ouvrier n'a qu'à réunir les pièces sur la forme, et à river les clous, ce qui n'exige que peu de temps.

Les personnes susceptibles de s'enrhumer facilement, et celles qui sont menacées de phtisie du poumon, doivent se faire fabriquer des souliers de la manière suivante : entre les deux pièces de la semelle, on place une semelle de caoutchouch ou gomme élastique, et on coud entre le cuir de l'empeigne, des quartiers et de la doublure du soulier, du taffetas ciré ; quand la trépointe est cousue à la première semelle , on enduit la couture d'une couche d'huile de lin , rendue siccative par la litharge, et par-dessus une couche de caoutchouch, dissoute dans l'éther sulfurique ; on passe sur la couture de la seconde semelle une couche d'huile de lin siccative, et on a soin d'enduire cette semelle d'une couche semblable, étendue au pinceau chaque fois qu'on nettoie le soulier. Avec cette précaution on est assuré d'avoir toujours les pieds secs et chauds.

Les ouvriers qui sont exposés à l'humidité, les rouliers, cochers, commissionnaires, rendront le cuir de leurs chaussures imperméables à l'eau, on les enduisant de temps en temps, avec un pinceau, d'une couche d'huile de lin siccative, dans laquelle on a fait bouillir un peu de goudron ou de poix.

La corderie.

Bloomfield, 5 juillet.

Nous voici dans un village qui deviendra peut-être un jour le centre d'une grande industrie. Ce qui a décidé mon père à s'y rendre, c'est tout à la fois le désir de voir une véritable corderie modèle, et la singularité attachée à l'homme qui en est le fondateur ; cet homme est connu à Londres sous le titre pompeux de sir Walter Smith de Bloomfield, et ici on l'appelle simplement Walter le cordier.

Lorsque j'aurai décrit la fabrication des cordes et cordages, je dirai comment l'établissement de Bloomfield a pris naissance, là où l'on ne voyait, il y a vingt ans, qu'une douzaine de petites chaumières et la maison plus que modeste d'un simple ouvrier.

Toutes les matières filamenteuses sont propres à faire des cordages, ainsi l'on peut employer à cet usage le chanvre, le lin, la soie, le coton, l'ortie, le phormium tenax, la bourre des noix de coco, les fibres de l'aloës, celles des feuilles et de l'écorce de certains palmiers, les intestins des animaux ; on fait même des cordes grossières avec l'écorce du tilleul, avec de la paille.

Mais pour faire les cordes et même les câbles, parmi toutes ces substances, le chanvre est préféré, parce qu'il réunit la souplesse et la longueur de sa soie à la solidité et au bon marché.

Deux opérations sont mises en œuvre par le cordier, l'une est la filature, l'autre le *commettage*. Par la filature, la soie du chanvre est tordue en un long fil, simple et fort, dit fil de caret, qui, par le commettage, est ensuite transformé en corde. Une corde est la réunion d'un certain nombre de fils de caret tordus ensemble, c'est par l'opération du commettage qu'on les tord ; on se sert pour cet effet d'une roue qui réunit les fils en les serrant fortement les uns sur les autres.

Les cordiers classent les produits de leur industrie en cordes simples ou aussières, cordes composées, dites grelins, et câbles ou grosses et fortes cordes.

Les petites cordes, que nous nommons ficelle, sont des aussières, dont les plus simples prennent le titre de bitords, parce qu'elles n'ont pour élémens que deux fils de caret tortillés ensemble ; quand on a réuni trois fils la corde devient un merlin.

Pour les grelins on commet, non plus du fil de caret, mais plusieure merlins, et la corde a d'autant plus de volume et de force que le nombre de merlins est plus grand. De même, c'est en tordant des grelins ensemble, que l'on obtient les câbles.

L'art du cordier exercé en petit est une chétive industrie, pour laquelle on n'emploie que des instrumens aussi simples qu'imparfaits ; une roue à bras, mue ordinairement par un enfant, des supports en forme de rateau, un poteau qui sert de point fixe au fil que l'on travaille, tel est l'appareil que l'on rencontre en jeu sur les boulevards extérieurs de Paris et dans quelques villages de sa banlieue, appareil qui fait vivre bien petitement son propriétaire.

Dans les grands ateliers de corderie, la scène change ; les machines sont perfectionnées, il leur faut des moteurs puissans, ici des chevaux les mettent en action, là c'est une chute d'eau, et dans les établissemens du genre de celui de Bloomfield, ce sont des machines à vapeur qui commettent les grelins des câbles.

La perfection dans l'art du cordier est d'établir une corde dont tous les fils égaux en force, en torsion et en résistance, s'opposent avec la même intensité d'énergie aux efforts qui tendent à les rompre.

En France, M. Duboul, de Bordeaux, est parvenu, en améliorant les procédés de fabrication, à livrer au commerce et à la marine des câbles réunissant une partie de ces conditions. Le célèbre ingénieur américain Fulton, et le capitaine anglais Huddard, ont complètement résolu le problème. Le premier est l'inventeur d'une machine avec laquelle on peut, dans un espace de médiocre étendue, fabriquer des cordages de toute dimension.

L'appareil d'Huddard, dont on se sert à Bloomfield, et qu'une forte machine à vapeur fait mouvoir, ourdit et tord en même temps chaque torons, c'est-à-dire chaque aussière d'un grelin ; pour y parvenir, les fils de caret sont disposés de manière à ce que dans le commettage chacun d'eux conserve toujours, par rapport aux autres, la position la plus convenable pour éprouver une torsion constamment égale.

MM. Lair et Hubert ont introduit dans la marine française ces perfectionnemens, qu'ils ont combinés avec leurs propres inventions de la manière la plus heureuse, puisque d'après des expériences faites devant des commaissaires du gouvernement, ils a été constaté que la force de leurs cordages l'emporte de beaucoup sur la force des cordages de toute autre fabrique.

La corderie de Bloomfield est située dans un pays très-pittoresque ; que l'on se figure un village dont les maisons de briques, alignées, régulières, forment de larges rues plantées d'acacias, de sycomores et de platanes ; au centre est une belle place que décore une église bâtie à la manière gothique, quoiqu'elle soit neuve ; à l'extrémité de la rue principale, une élégante grille dorée annonce Bloomfield-Hall, résidence de l'homme qui a vivifié cette charmante contrée par son industrie.

Bloomfield-Hall est une magnifique maison de campagne entourée d'un parc immense, où l'on voit des bois, des prairies, un jardin anglais. et plusieurs fermes. Une petite rivière aux eaux bleues coulant entre des saules et des peupliers, limite le parc du côté de l'ouest; elle est encaissée sur sa rive gauche par une montagne calcaire, dont les rocs, bizarrement accidentés, forment une muraille de plus de deux cents pieds de hauteur; des interstices de ces rocs, s'élancent de verts sapins, des rouleaux au feuillage tremblant et argenté, de longues fougères largement découpées. C'est sur la rive droite de cette rivière que la corderie est bâtie; les bâtimens dans lesquels on travaille le chanvre, servent de point de vue au château de Bloomfield.

A l'extrémité du parc, la montagne calcaire s'abaisse insensiblement en gradins boisés, puis se détournant, elle ouvre une large perspective sur une verdoyante vallée, qui a pour fond la mer, une sorte de petit port, et une usine dépendante de Bloomfield, dans laquelle on fabrique des câbles en fer , des chaînes et des ancres.

Un chemin de fer en miniature part de la corderie , traverse la vallée , qui n'a qu'une demi-lieue d'étendue , et se termine à la mer ; il sert au transport des câbles et cordages , que l'on emmagasine dans un vaste entrepôt, au pied duquel abordent de petits bâtimens qui naviguent sans cesse , les uns jusqu'à Londres , les autres jusqu'à Liverpool , pour le commerce de sir Walter Smith.

Dans la corderie , les câbles et cordages sont travaillés par les machines d'Huddard, que meuvent , comme je l'ai dit , un mécanisme à vapeur, d'une force de 120 chevaux , les plus gros câbles sont tordus en peu d'instans. Arrivés sur le bord de la mer, on les goudronne pour les préserver de l'humidité, mais cette opération diminue leur force de résistance. Bloomfiel travaille surtout pour la marine et pour les mines.

Ce qui nous a surpris le plus, c'est la forme des cordages destinés aux puits des mines ; ils sont plats, et voici l'explication qu'on nous a donnée à ce sujet : les cordages ordinaires, lorsque les tonneaux chargés de minerais montent à la surface du sol, sont détordus par le mouvement de rotation des

tonneaux, tantôt à droite, tantôt à gauche;
aussi ils peuvent à peine durer trois mois,
les cordages plats n'ont pas cet inconvénient.
On les fabrique avec six grelins tordus les
uns à droite, les autres à gauche, et unis
entre eux par un autre grelin qui les traverse
par leur centre.

Je décrirai, en parlant de l'industrie du
fer, les chaînes-câbles, et les cordes en fil
de fer Bloomfield; l'usage en a été introduit
dans la marine anglaise, par Samuel Brown;
en variant la forme des anneaux, on donne
une grande élasticité aux chaînes-câbles, qui
sont très-utiles pour ce que les marins nomment manœuvres fixes; mais les grelins de
chanvre valent mieux pour les manœuvres
courantes, telles que celles qui servent à serrer et déployer les voiles.

Sir Walter Smith, le cordier.

C'était dans l'année 1780, le printemps
venait de commencer; par une belle matinée
qui semblait inviter la nature entière à se livrer à la joie, on vit entrer dans une petite
rue d'un faubourg de Londres, un homme
vêtu de noir, au maintien sévère, conduisant
un jeune garçon, dont la figure était baignée
de larmes; ils se dirigèrent vers une maison fort

simple , et peu d'instans après frappèrent à
la porte.

Une femme d'une trentaine d'années ouvrit;
son visage exprima tout à la fois le chagrin
et le mécontentement, à la vue des deux personnages. Quoi, monsieur Jeddediah, dit-elle,
vous me ramenez encore ce mauvais sujet!
— Hélas! oui, madame, reprit l'homme aux
vêtemens noirs, et pour ne plus le recevoir
chez moi ; c'est une décision irrévocable ,
vous savez qu'il ne veut rien apprendre ,
depuis cinq ans que je l'instruis. à peine ai-je
pu le forcer à savoir lire tant bien que mal ;
cet enfant a le travail en horreur , il ne fera
jamais rien qu'un mauvais sujet. Pauvre mère,
je vous plains , quel triste avenir il vous prépare.

La mère demandait des explications sur les
motifs qui causaient la détermination de M. Jeddediah, mais il refusa de continuer la conversation , et partit en disant : Adieu, madame, souvenez-vous de tous les sujets de
mécontentement que votre fils m'a donnés ;
eh bien! ma patience est épuisée.

Cet enfant , était le jeune Walter , alors
âgée de dix ans, et le plus déterminé paresseux de l'école de *maester* Jeddediah. Walter
avait cependant une physionomie ouverte et

heureuse, un bon naturel, de la sensibilité; quand on lui faisait des reproches, il écoutait docilement, convenait de ses torts, promettait (et avec bonne foi) de se corriger; mais son malheureux penchant pour le repos du corps et de l'esprit, l'entraînait toujours; il n'avait pas la fermeté d'âme nécessaire pour triompher.

Il y eut d'abondantes larmes versées, le soir de ce jour, dans la maison de Robert Smith, père du jeune vaurien. Robert n'avait ni le cœur, ni les manières très-tendres, aussi le pauvre Walter reçut une rude correction.

Le lendemain au point du jour, son père le tira hors du lit, le fit habiller et lui dit : Puisque tu ne veux pas t'instruire, tu m'aideras dans mes travaux, tu seras ouvrier, je ne puis te nourrir à rien faire ; viens, marche devant moi, tu tourneras la roue, et je serai là !

Robert Smith travaillait dans une corderie de la marine militaire anglaise. Il présenta le pauvre Walter au chef d'atelier qui l'admit pour tourner la roue d'une machine à fabriquer le fil de caret. L'enfant avait fait de sérieuses réflexions ; la honte d'être chassé par M. Jeddediah agissait surtout puissamment sur son âme, et il s'était juré de s'appliquer au travail qu'on lui imposerait, quel qu'il fût.

Il le trouva cependant excessivement dur, ce travail ; faire mouvoir la manivelle d'une roue pendant dix heures, c'était beaucoup pour lui habitué à la paresse. M. Robert n'eut néanmoins pas besoin de recourir au bout de grelin, qu'il tenait près de lui pour remédier à la nonchalance de son fils ; mais le soir le pauvre enfant était excédé de fatigue.

Pendant le premier mois de son admission dans la corderie, Walter n'enfreignit pas une seule fois la promesse qu'il s'était faite. Robert Smith témoignait de la satisfaction, car le prix du travail de son fils augmentait l'aisance de son ménage.

Il y eut quelques orages pendant le mois suivant, peu à peu la paresse reprenait son empire ; et au troisième mois Walter était retombé dans son ancienne fainéantise. Le chargeait-on d'une commission, il passait hors de l'atelier des heures entières, jouant avec les enfans qu'il rencontrait sur sa route, et oubliant complètement ce qu'il devait faire. On ne le gardait au nombre des ouvriers que par égard pour son père, qui venait d'être nommé contre-maître.

Cette malheureuse inclination ne changea pas avec les années ; au contraire, Walter se lia avec plusieurs mauvais sujets qui l'entraînèrent dans les tavernes, les cabarets et achevèrent de le détourner de ses devoirs. La malheureuse madame Smith pleurait sur son fils, et tremblait en se rappelant la prophétie de M. Jeddediah, qui ne se vérifiait que trop.

Robert se consultait depuis plusieurs jours sur les moyens de corriger efficacement le paresseux Walter, lorsqu'un événement subit, qui était la plus grave des punitions, termina toutes ses inquiétudes.

L'Angleterre soutenait alors une guerre maritime contre la France, le besoin de matelots se faisait sentir, on eut recours à la presse, moyen habituel d'en recruter. La presse est l'enlèvement forcé de tous les débauchés des ports que l'on trouve dans les tavernes. Walter, un jour qu'il perdait son temps au cabaret avec plusieurs vauriens, se vit saisi, lié et jeté à bord d'un bâtiment de guerre qui mit aussitôt à la voile.

Pour un paresseux, c'est un terrible apprentissage que celui de matelot à bord d'un vaisseau de guerre, la moindre négligence est punie rigoureusement ; les coups de corde, les fers à fond de câle, dissipent en peu de temps la paresse la plus invétérée.

Walter Smith fit plus d'une fois connaissance avec la garcelle * du capitaine d'armes, et avec les rats de la fosse aux lions **. Il se crut au comble du bonheur, le jour où sa frégate, qu'il maudissait sans cesse, fut capturée par un vaisseau français. Etre prisonnier de guerre lui semblait un sort digne d'envie; le prisonnier, se disait-il, est logé, nourri, et n'a rien à faire.

La frégate anglaise ayant été conduite au port de Brest, on répartit çà et là les hommes qui la montaient; Walter et quelques-uns de ses camarades de bord furent envoyés dans une petite ville de la côte de Normandie. Il éprouva bientôt un vif désappointement, car la faible solde qu'on lui accordait suffisait tout juste à l'empêcher de mourir de faim. Ses compagnons de captivité travaillaient dans la ville, le gain qu'ils faisaient les mettait au-dessus du besoin; il aurait pu les imiter, mais sa paresse le portait à remettre de jour en jour à chercher une occupation. Les mois, les années se passèrent sans produire

---

* Corde à nœuds.
** Cachot à fond de cale.

de changement dans la position des prisonniers, le fainéant Walter consumait souvent à l'hôpital des jours qu'il aurait pu employer utilement au travail.

Rien n'annonçait que la guerre pût avoir un terme prochain, l'amour de la patrie et de la liberté excitait depuis long-temps les prisonniers à chercher des moyens d'évasion; l'argent qu'ils gagnaient, ils le thésaurisaient précieusement, pour séduire quelque pêcheur de la côte, et le déterminer à les conduire en Angleterre.

En comptant Smith, les prisonniers étaient au nombre de neuf; il fallait une barque d'une assez grande dimension pour les contenir tous, la difficulté consistait à la trouver. Walter jouissant du privilége de sortir de la ville, vu son état presque constant de maladie, ses camarades lui dévoilèrent leur dessein, malgré la répugnance qu'ils y avaient eu d'abord, car le paresseux leur était suspect; ils le croyaient capable de les trahir. Cependant c'était le mal juger, son cœur restait susceptible de s'enthousiasmer pour toutes les grandes et nobles actions.

A peine Walter Smith eut-il reçu la confidence du complot d'évasion, qu'il développa une activité sans égale; dans ses promenades, il examinait attentivement la physionomie des pêcheurs pour découvrir celui auquel il pourrait se confier.

Ce fut Simon Eucher, vieillard encore vert malgré ses soixante-dix ans, dont la figure annonçait la loyauté et la bonté. Simon aimait à faire le bien, il promit dès la première entrevue de rendre la liberté aux pauvres marins d'outre-mer. Six semaines après la confidence reçue, Simon vint en ville et fit en passant devant le logement de Walter, le signal convenu, pour lui indiquer un rendez-vous hors de la ville.

Deux heures plus tard, Walter et Simon causaient sur le bord de la mer dans l'anfractuosité d'une roche de la falaise. Voyez-vous, disait Eucher à son compagnon, ce point blanc, là-bas à l'horizon, qui passe devant ce nuage rougi par le soleil, c'est un navire d'Amsterdam. Je l'ai abordé avant le jour, et il se tient en vue pour vous prendre à bord cette nuit. Prévenez vos camarades, soyez ici même à onze heures avant le lever de la lune, ma barque, trop faible pour hasarder le passage en Angleterre, vous conduira au vaisseau. Partez, préparez tout, et ne perdez pas de temps.

Les matelots anglais passaient les nuits dans

une vieille caserne délabrée, attenant aux murs de la ville ; on les y surveillait peu, l'autorité n'ayant eu jusqu'alors qu'à se louer de leur tranquillité. Lors donc que dix heures sonnèrent, les neuf prisonniers descendirent de leurs chambres, sans bruit, se coulant dans l'obscurité, parvinrent dans une petite cour déserte, escaladèrent la muraille en s'entr'aidant mutuellement, et arrivèrent dans le jardin du concierge des portes de la ville. Il ne leur restait plus qu'à franchir les antiques remparts pour être dans la campagne ; mais il y avait là quelque danger à courir : le mur était élevé, un soldat vétéran se promenait à peu de distance, tout en faisant sa faction ; heureusement que le vent de mer chassait sur la côte un brouillard épais.

Walter déploya une échelle de corde, qu'il avait fabriquée avec du vieux linge, des morceaux d'habits, du chanvre et des branches de fagot placées en guise d'échelon. Un crampon fixa l'échelle au sommet du mur ; un matelot grimpa lestement pour la tenir, pendant que ses camarades monteraient et passeraient l'un après l'autre.

Chaque descente s'exécutait lorsque le factionnaire retournait vers sa guérite. Walter passa le premier, les autres suivirent sans avoir été aperçus. Un chien cependant avait senti leur présence et aboyait dans une des cours voisines. S'éloigner du factionnaire , puis gagner à la hâte la falaise, ne demanda que quelques minutes.

Les prisonniers attendirent onze heures dans l'anxiété la plus vive ; leur inquiétude ne fit que s'accroître lorsque le moment de l'arrivée de la barque passa sans que l'on vit paraître le petit fanal qui devait annoncer sa présence. Une demi-heure s'écoula encore, rien ne parut ; les Anglais se crurent trahis. Cependant il sembla à Walter qu'un léger bruit se faisait entendre au bas de la falaise ; il lança une petite pierre, on répondit en en jetant une autre vers eux ; aussitôt les prisonniers descendirent le sentier qui serpentait dans les roches ; Simon attendait au bas. Silence et précaution, enfans, dit-il, on veille près d'ici, les manœuvres du bâtiment hollandais ont inspiré de la défiance , les gardes-côtes sont armés , les douaniers ont mis en mer , soupçonnant le brick d'être contrebandier. Allons, hâtons-nous, le vent est bon , voici huit avirons bien garnis, qu'il ne faut pas laisser oisifs.

Les Anglais les saisirent , Walter déploya la petite voile triangulaire , Simon prit le gouvernail, et la barque sillonnait l'onde rapidement. Tout-à-coup la vue exercée d'un des marins anglais distingua la forme d'un canot dans le brouillard ; lofez, lofez * à tribord, dit-il à voix basse, nagez, nagez, enfans, ferme, nous sommes découverts. Les rameurs redoublèrent d'efforts, la barque semblait voler. Ohé ! ohé ! de la barque, cria-t-on du canot.

Au lieu de répondre, les prisonniers s'enfoncèrent dans le brouillard. Tout-à-coup une vive lumière perça l'obscurité, on entendit une détonation, et plusieurs balles sifflèrent autour des fugitifs. Un éclair, suivi d'une détonation plus violente, annonça qu'un bâtiment côtier était proche, et qu'il tirait à boulet.

Heureusement que les avirons de la barque étaient garnis de toile, ce qui les empêchait de fendre l'eau avec bruit. Le canot perdit de vue nos fugitifs et donna sur leur route une fausse indication aux gardes-côtes ; plusieurs coups de canon suivirent, mais dans une direction toute opposée. Après deux heures de marche en ligne droite, Simon intima l'ordre d'arrêter : les rames se levè-

---

* Dirigez à droite.

rent ; aussitôt il s'enflamma de la poudre placée dans un vase.

A ce signal , on répondit par un signal semblable à peu de distance , c'était le brick hollandais. La barque l'aborda , les matélots et Simon montèrent à bord , on hissa l'embarcation du pêcheur , puis le capitaine ordonna de mettre toutes voiles dehors , car la lune se levait et le brouillard commençait à tomber.

Les fugitifs se jetèrent à genoux sur le pont , remercièrent Dieu de leur délivrance , et se précipitèrent au cou du brave Simon. Ils versèrent dans son bonnet de marin la somme provenant de leurs économies , mais le bon pêcheur refusa... Quoi, mes amis , dit-il , voulez-vous faire affront à un vieux loup de mer comme moi ; croyez bien que ce n'est pas l'avarice qui m'a porté à vous rendre service ; je n'ai vu en vous que des hommes malheureux , privés des deux plus grands biens que l'homme puisse posséder : la liberté et la terre de la patrie , et je vous ai secourus comme mes frères , sans m'inquiéter du nom de votre nation.

La seule récompense que j'exige , c'est le serment de rendre service à ceux de mes compatriotes qui seront ce que vous étìez hier. Adieu. Le brick se trouvait à trois lieues plus à l'est que lors du départ; il s'approcha des côtes, et descendit à la mer la barque et le brave Simon Eucher.

Nos Anglais étaient dans l'embouchure de la Tamise; le lendemain, huit reprirent du service aussitôt; mais Walter Smith se hâta de changer de costume pour se rendre à la maison paternelle. Hélas! depuis son départ elle avait changé de maîtres, Robert Smith n'existait plus, et sa pauvre femme, n'ayant personne pour la soutenir, expirait dans un hôpital de Londres. Walter la vit comme elle rendait le dernier soupir.

Il s'accusa de la mort de ses parens et versa d'abondantes larmes. Se trouvant sans autre ressource que ses deux bras, il cherna de l'occupation. Malgré la terrible leçon qu'il avait reçue, il n'était pas encore corrigé; aucun maître ne le garda, parce qu'il passait une partie de la semaine à se promener, dès qu'il possédait un peu d'argent. Toutes les corderies de Londres lui étant fermées, il partit pour chercher de l'ouvrage en province.

Bloomfield n'était encore qu'un chétif hameau dont le plus riche habitant, assez mince

Et le vieux pêcheur, Simon Eucher, au bord de la mer.

ouvrier, exerçait l'industrie de cordier. Cet homme, jeune et marié depuis peu, arrêta Walter comme compagnon pour peigner le chanvre et tourner la roue. Walter avait encore pris de bonnes résolutions; il débuta merveilleusement, fit preuve d'intelligence, de capacité, se concilia l'amitié du jeune ménage, qui le regardait peu à peu comme un parent plutôt que comme un ouvrier, le pria d'être parrain d'un fils né six mois après son arrivée à Bloomfield.

Smith eut le courage de résister à sa paresse pendant une année entière; il n'avait jamais dompté sa passion avec autant de persévérance. Le cordier si bien secondé commençait à jouir d'une petite aisance, son intention était de prendre un autre ouvrier et de s'associer Walter. Malheureusement il ne put réaliser ce projet.

Peu à peu Smith se dérangea, s'absenta d'abord pendant plusieurs heures, puis pendant des journées entières; les commandes n'étaient plus livrées exactement, et les affaires du cordier souffraient beaucoup. Il s'en plaignit à Smith, et en vint même au point de le menacer d'un prompt renvoi. Walter avouait ses torts, se remettait au travail, puis, dans la quinzaine suivante, retombait dans sa négligence.

Le cordier perdant patience, un jour qu'une livraison importante n'était pas en état d'être faite à temps, donna un congé définitif à Walter, lui laissant par bonté un mois pour trouver un autre emploi. Un événement changea cette résolution. Le cordier ayant une petite somme à toucher dans un bourg voisin, s'y rendit un soir. A son retour, deux hommes qui l'attendaient près du passage de la rivière, se jetèrent sur lui pour le dépouiller. Une lutte s'engagea, le pauvre cordier succombait sous les coups des bandits, quand Smith qui se promenait près de là, accourut au bruit, assomma d'un vigoureux coup de bâton un des assaillans, et poursuivit l'autre. Le cordier reconnaissant garda Walter chez lui, le laissant vivre à sa guise; il prit un ouvrier pour l'aider. Smith, sensible à ce témoignage de reconnaissance, redevint plus assidu et plus actif.

Un affreux malheur guérit tout-à-coup Walter Smith, et de paresseux qu'il était, le rendit un des hommes les plus actifs et les plus industrieux de la Grande-Bretagne. Le feu prit dans une des maisons du hameau de Bloomfield, il se communiqua à la petite corderie que les flammes détruisirent entièrement

Walter fit preuve d'une intrépidité sans égale, on le vit partout où il y avait du danger, il sauva l'enfant du cordier, dont les flammes enveloppaient le berceau ; ce fut même à lui que l'on dût la conservation d'une partie du village.

Le cordier avait également bien rempli sa tâche de bon citoyen ; mais la douleur de se voir ruiné, réunie à la fatigue qu'il avait éprouvée pendant le désastre, lui causèrent une maladie qui l'emporta en quelques jours.

En présence d'une veuve et d'un pauvre orphelin, réduits presque à la mendicité, Walter se sentit un autre homme ; il lui sembla qu'il entrait dans un monde nouveau, ses idées s'agrandirent, prirent une direction qui lui avait été jusqu'alors inconnue. Smith aimait passionnément son filleul, il résolut de lui servir de père.

On le nomma, d'après ses instances, tuteur de l'enfant ; il réalisa les petites sommes dues au cordier, acheta du chanvre, construisit lui-même une machine, travailla assidument jour et nuit. Après trois années de peines incroyables, les affaires de la veuve et de l'orphelin étaient rétablies, la maison rebâtie, le compagnon réintégré dans le petit établissement. Plus la fortune souriait aux efforts de Walter, plus il redoublait d'ardeur ; dans ses momens de loisir, il refit son éducation, il s'instruisit à fond de tout ce qui regardait l'art de la corderie, et se mit en position d'étendre la sphère de son industrie.

Un acte d'association unit Walter à la veuve de son maître : huit années après l'incendie, Bloomfield commençait à prendre rang parmi les établissemens importans ; des roues à aubes faisaient mouvoir les machines placées alors sur le bord de la rivière ; la fabrique nourrissait quarante ouvriers ; le hameau s'était augmenté d'un pareil nombre de maisons. Smith plaça son filleul dans une pension de Londres, et comme lui-même prenait goût à l'instruction, à mesure que son esprit s'éclairait, il étudia la littérature de sa patrie.

Walter le cordier augmentant journellement les produits de sa fabrique, devait également s'occuper de leurs voies d'écoulement ; il ouvrit donc un magasin à Londres, près du port, et un autre à Liverpool. L'excellente qualité de ses marchandises les fit rechercher des armateurs, les demandes abondèrent ; Bloomfield s'agrandissait d'autant.

Lorsque l'application des machines à vapeur devint générale, Walter Smith fut un des premiers à doter son établissement d'un de ces puissans moteurs ; ce fut pour lui une nouvelle source de richesses, il fabriqua les câbles les plus forts.

Cet homme ne pouvait rendre d'aussi grands services au canton qu'il habitait, sans fixer les regards de tout le comté ; aussi, dans les élections, on le nomma d'une voix unanime membre de la chambre des communes. Walter remplit son mandat consciencieusement, sans négliger ses affaires commerciales.

Ses relations devinrent si vastes, qu'il eut des correspondans jusqu'aux Indes et en Amérique ; il chargeait même entièrement de ses produits des bâtimens destinés pour ces contrées. La fortune de la maison Smith et compagnie devint une des plus considérables de l'Angleterre. L'intégrité de Walter le fit élire lord maire de Londres, et, pour le récompenser des services qu'il rendit comme industriel, membre des communes et maire de la capitale, le roi le créa chevalier baronnet.

Sir Walter Smith le cordier est resté célibataire, par amour pour son filleul, qu'il a institué son héritier, après l'avoir adopté légalement pour son fils. Son exemple prouve que l'on peut toujours vaincre les passions les plus invétérées, quand l'âme ne s'est pas dégradée entièrement.

Smith a été un homme favorisé du ciel ; tous les travailleurs ne peuvent espérer de faire une fortune aussi prodigieuse que la sienne, mais tous peuvent être certains qu'une aisance honorable est la récompense assurée de l'activité unie à l'économie et aux bonnes mœurs. Dieu, répète souvent sir Walter le cordier, a doté l'homme de deux clefs qui lui ouvrent tous les trésors ; l'intelligence et la santé ; mais il faut qu'il trouve le secret d'employer sagement la première, et de conserver la seconde.

Cet homme estimable a doté le village qu'il a créé, d'une école, d'une bibliothèque publique, d'un hôpital et d'une caisse d'épargnes ; un article de son testament consacre une somme considérable à l'entretien de ces belles institutions.

Demain nous quittons Bloomfield pour prendre la route de Birmingham.

Le retour imprévu.

Paris, 18 juillet.

Voici huit jours que je n'ai rien consigné sur mon journal, et cependant nous sommes à Paris. Notre voyage s'est trouvé subitement interrompu par une affaire grave, qui compromettait la fortune de mon père. Nous avons pu vérifier par expérience, ce que ce bon père nous dit presque chaque jour : les fortunes qui semblent reposer sur les bases les plus solides, peuvent être anéanties en peu d'heures, par des événemens imprévus ; on ne doit donc pas compter sur ce que l'on possède ; mais seulement sur l'instruction que l'on a reçue, sur l'intelligence et l'activité que Dieu accorde à chacune de ses créatures.

Valentin est resté seul en Angleterre, pour achever d'étudier l'industrie de ce beau pays.

25 juillet.

Grâce à Dieu, l'affaire qui menaçait d'engloutir tout ce que nous possédons, se terminera plus favorablement qu'on ne pouvait l'espérer. Mon père a fait preuve d'une activité et d'une capacité très-grandes, il ne perdra que des sommes peu importantes.

5 août.

Demain mon travail sera entre les mains de mes amis ; je redoute leur censure, car mon père a critiqué plusieurs parties de ma narration. Cependant, juge équitable, quoique sévère, il a donné quelques louanges à l'ensemble, et c'est par son ordre que je hasarderai de lire mes récits devant un public qui pardonnera, je l'espère, aux irrégularités du style, en faveur de mes intentions.

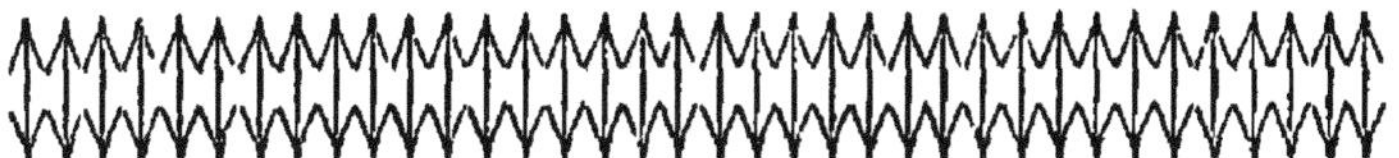

HISTOIRE

DE QUELQUES DÉCOUVERTES INDUSTRIELLES.

Acier.

La fabrication de l'acier ne fut bien connue qu'en 1786.

Depuis cette époque, un grand essor a été donné à cette industrie. Clouet trouva le moyen de convertir le fer en acier par le carbonate calcaire, et aurait affranchi la France du tribut qu'elle payait aux Anglais pour l'acier fondu, si une dédaigneuse indifférence n'accueillait pas presque toujours les découvertes de nos compatriotes. Les Anglais s'emparèrent encore de cette invention : mais le secret de l'acier leur fut enfin ravi en 1810, par Volkmar, ingénieur, à Brunswich. Parmi les Français qui ont amélioré cette branche de l'industrie française, nous devons citer M. Bréant, qui a trouvé un acier identique avec celui de Damas ; M. Lenormand, qui donne au plus mauvais acier une trempe et une élasticité qu'on ne pouvait obtenir auparavant des meilleurs aciers ; enfin, M. Milleret, dont la manufacture de la Bérardière fournit en grand des aciers supérieurs à tous ceux connus.

Aérostats.

L'aréostat est une enveloppe légère, mais d'un grand volume, qu'on élève à une hauteur considérable, soit en dilatant, par la chaleur, l'air qu'elle contient, soit en la remplissant d'un fluide aériforme spécifiquement plus léger que l'air atmosphérique. La première idée des aérostats paraît due au Jésuite Italien Sana Terzi, mais les véritables inventeurs sont les frères Mongolfier d'Annonay. On varie cependant sur la manière dont cette découverte a eu lieu. Quelques-uns prétendent qu'ils eurent d'abord l'idée d'enfermer sous une enveloppe légère un nuage factice, composé de vapeurs produites par la combustion de diverses substances animales et végétales, et que ces expériences les conduisirent à remarquer que le ballon pouvait s'élever par la seule dilatation de l'air, au moyen de la chaleur. M. Lunier l'attribue à un heureux hasard. Mme Montgolfier ayant, dit-il, placé un jupon sur un de ces paniers d'osier à claire-voie, dont les femmes font usage pour sécher leur linge, l'air de l'intérieur fut tellement raréfié par la chaleur, que le jupon fut élevé jusqu'au plancher. C'est de ce fait que MM. Montgolfier sont partis pour faire leur aérostat. L'année suivante, 1783, ils en firent une expérience publique à Paris, et n'enlevèrent d'abord que des animaux. Pilâtre-Desrosier et le marquis d'Alandes furent les premiers qui tentèrent cette audacieuse entreprise, et s'élevèrent, le 21 novembre 1783, à la hauteur de 600 toises. Charles employa ensuite, pour remplir le ballon, du *gaz hydrogène*, obtenu du fer et nommé alors air *inflammable*; il s'éleva, avec Robert, à 1700 toises. Plus tard, MM. Biot et Gay-Lussac se sont élevés à 3,579 toises neuf dixièmes, ou 6,977 mètres.

La première ascension faite en Angleterre eut lieu en 1784, par Luardi. La même année, Blanchard traversa la Manche de Douvre à Calais. En 1785, l'infortuné Pilâtre-Desrosier et son compagnon Romain, combinant les deux procédés de la fumée et du gaz hydrogène, tentèrent le même trajet ; mais le feu ayant pris à leur ballon, ils furent fracassés dans leur chute. Le même accident arriva, trois mois après, en Angleterre, à Arnold, qui fut précipité sur la terre. Son fils tomba dans la Tamise et fut sauvé.

Aiguille.

L'aiguille à coudre et à broder est trop connue pour que nous en fassions la description.

Les Anglais et les Prussiens eurent longtemps le monopole des aiguilles qu'ils fabriquaient avec une grande perfection. La France n'a plus rien à leur envier à cet égard. Avant d'être terminée, une aiguille passe dans plus de quatre-vingts mains. En architecture, on appelle aiguille une pyramide très-élevée et très-pointue.

Alambic.

On nomme ainsi l'appareil destiné à distiller les liquides. On en attribue l'invention à un Arabe ou Maure d'Espagne. La construction des alambics a singulièrement été améliorée de nos jours. D'innombrables perfectionnemens y ont été apportés chez tous les peuples. Nous citerons particulièrement les distillateurs Ecossais, qui emploient tous les moyens pour s'affranchir des droits que le gouvernement met sur les eaux-de-vie écossaises. En 1799, l'un d'eux, M. Millard, aidé de M. Beamé, Français, est parvenu à construire un alambic dont la charge se renouvelle 480 fois dans vingt-quatre heures. Parmi les inventions les plus importantes en ce genre, nous devons également citer celle de M. Cellier de Blumenthal, dont l'appareil distillatoire produit, en vingt-quatre heures, trente mille pintes de liqueur, et n'exige que deux hommes pour la diriger (1813).

Almanach.

L'invention des almanachs, proprement dits, paraît appartenir aux Egyptiens. Cette expression est arabe et a passé dans notre langue avec l'objet qu'elle désigne. On ignore l'époque de l'introduction des almanachs en Europe. L'Almanach royal de France date de 1679.

Allumette.

M. Pelletier est l'inventeur d'une machine qui fabrique soixante mille allumettes par heure (1802).

Amidon.

Farine de blé qui, en séchant, devient une pâte blanche et friable. En 1716, Vaudreuil trouva l'amidon extrait des racines ; celui des pommes de terre fut découvert en 1739, par de Chise. MM. Mathieu de Dombasle, Clément et Saussure sont parvenus à convertir l'amidon en alcohol. L'empesage du linge par l'amidon ne fut employé en Angleterre qu'en 1593.

Armes à feu.

L'incertitude la plus complète règne sur l'invention de l'arme à feu. On place généralement en 1350 celle de la poudre à canon, par le moine Berthole Schwartx, de Fribourg, et cependant l'établissement des fonderies de canons, en France, remonte à l'an 1338, ainsi qu'il résulte des registres de la chambre des comptes de cette année. D'un autre côté, quelques auteurs avancent que Constantin Anethzen, de Fribourg, inventa le canon en 1330 ; tandis que d'autres n'en placent l'époque qu'à l'année 1436, quoiqu'il soit constaté que les Anglais en firent usage à la bataille de Crécy, en 1346, et que les

Maures s'en sont servis, en 1341, au siége d'Algésirot.

Canon.

Les canons furent d'abord appelés bombardes, à cause du bruit qu'ils font. Les premiers canons étaient de bois et cerclés en fer. On les fit ensuite de fer, qu'on trouva bientôt cassant, et qu'on remplaça par le bronze. On ne commença à s'en servir sur les vaisseaux européens qu'en 1539. A diverses époques, on fondit de doubles et triples canons, dont on ne fit guère usage. La principale modification faite aux canons depuis leur invention, concerne les canons de marine qui se chargent par la culasse, et dont l'inventeur est M. Diamanti, de Rome (1819). Une invention plus récente encore, est celle de M. Paixhans, qui a imaginé d'énormes canons destinés à lancer horizontalement des bombes.

Fusil.

Cette arme à feu qui a succédé à l'arquebuse et au mousquet, fut inventée par les Français en 1630. Toutefois, elle ne fut employée dans les troupes que vers 1704 : de nombreux perfectionnemens ont été faits de nos jours, tant aux fusils de munition qu'aux fusils de chasse. Nous citerons les platines à piston, inventées en Angleterre, par Manson, et perfectionnées en France par M. le Page, et qui sont devenues d'un usage général. L'amorce est en poudre fulminante, et détonne par la simple percussion (1810); ce principe a depuis subi diverses modifications. On doit à M. Henri un fusil qui peut tirer quatorze coups de suite sans être rechargé, et qui n'exige pas plus de temps pour ces quatorze charges que pour une seule, dans les fusils ordinaires (1818). M. Pauli est l'inventeur d'un fusil qui porte deux fois plus loin que les fusils ordinaires, qui n'exige pas que le soldat porte l'arme à gauche pour le charger, et qui tire douze coups par minute (1819). Enfin M. le Page est l'inventeur d'un fusil à quatre coups (1819).

Fusil à vent. Les anciens connaissaient le ressort de l'air, et savaient l'employer aux arts. Aussi dans le deuxième siècle avant J.-C. Crésabius en tira parti pour inventer une arme qui chassait des projectiles, au moyen de la compression de l'air. C'est donc à tort qu'on croit les fusils à vent d'invention moderne, que quelques auteurs l'attribuent à un certain Guter de Nuremberg, sans en fixer l'époque. L'arquebuse à vent, qui ne diffère guère du fusil à vent actuel, fut inventée sous le règne de Henri IV.

Bas.

L'origine des bas paraît très-récente : ce fut dit-on, une femme qui inventa la manière de tricoter les bas ; mais on ignore son nom et l'époque où elle vivait. Les premiers bas furent de fil ou de laine, et furent très-rares jusqu'au moment où fut connu le métier à bas, dont on ignore aussi l'inventeur. Quelques auteurs attribuent cette ingénieuse machine à un serrurier bas-normand, qui remit à Colbert une paire de bas de soie (les premiers bas de soie tricotés à l'aiguille furent portés, comme objet d'un grand luxe, par Henri III, roi de France, aux noces de sa sœur avec le duc de Savoie), au métier, pour l'offrir à Louis XIV. Les bonnetiers, jaloux, corrompirent un valet de chambre qui coupa quelques mailles, et fit ainsi rejeter une machine que son inventeur porta en Angleterre, où elle fut accueillie avec empressement.

Elle fut réimportée en France en 1656, par Jean Indret, qui, par un effort prodigieux de mémoire, en retint la construction.

Il s'établit au château de Madrid, dans le bois de Boulogne. Cette machine fut perfectionnée en 1808, par Wiedeman, sergent-fourrier au 52ᵉ régiment de ligne. La couleur des bas fut long-temps celle des habits, avec lesquels on les assortissait : ce n'est que depuis un siècle que cette couleur est devenue indifférente.

Une coutume écossaise, qui a cessé au XVᵉ siècle, mérite d'être rapportée. Lorsque la mariée, le premier jour de ses noces, jetait son bas en l'air, celle des jeunes filles présentes qui avait le bonheur de le recevoir, croyait être mariée dans l'année.

Bière.

Après le vin, la bière paraît avoir été la liqueur la plus anciennement et la plus généralement employée.

Le houblon n'entra dans la composition de la Bière qu'en 1525 ; jusqu'à cette époque, les Anglais, qui en firent usage les premiers, la considéraient comme un poison. La meilleure bière des anciens était connue sous le nom de *boisson pelusienne*, du nom de Peluse, ville située à l'embouchure du Nil. Nous ferons observer, en passant, que le besoin des boissons

fermentées se fait sentir chez toutes les nations. On prétend qu'originairement plusieurs
peuples étaient dans l'usage de boire tout
chaud le sang des animaux , habitude qui
existe encore chez plusieurs nations sauvages.
Cet usage qui nous révolte, est cependant
fondé sur les besoins de la nature, car le
sang bu chaud fortifie beaucoup. Dans les
Alpes, les chasseurs de chamois ne manquent
jamais d'en boire le sang pour se fortifier.
C'est donc faute de boissons fermentées que
les sauvages se portent à tant d'excès.

Bonnet.

Quelques auteurs font dériver le mot *bonnet*
du nom de l'étoffe même dont on les faisait.
Leur usage, ne remonte, en France, qu'à
l'an 1449, lorsque Charles IX fit son entrée
à Rouen : auparavant on ne se servait que
de capuces et de chaperons.

Pendant long-temps , la forme et la matière
des bonnets furent l'indice de ceux qui les
portaient. On appela *mortiers* les bonnets de
velours que les rois et les grands portaient
en temps de paix. Quant aux bonnets de
femmes , nous dirons , épigramme à part ,
qu'ils changent si souvent de forme, et ont
subi tant de vicissitudes que, pour avoir trop
à en dire, nous n'en dirons rien du tout.

Boulet.

On donne ce nom à une grosse balle de fer avec laquelle on charge les canons. Les premiers boulets furent de pierre, et l'on s'en servit au moins jusqu'en 1514; cependant ce n'est qu'à dater de 1550, que les historiens font mention des boulets de fer.

Les *boulets ramés* sont deux demi-boulets joints ensemble par une longue barre de fer, et dont on se sert pour couper les manœuvres des vaisseaux ennemis.

Les premiers essais des *boulets rouges*, destinés à incendier les places assiégées, furent tentés en 1675, contre la ville de Stralsund, par l'électeur de Brandebourg.

Café.

Le café était à peine connu au XVe siècle, même en Arabie, d'où il s'est répandu sur toute la terre. Quelques auteurs attribuent la découverte de ses propriétés à un molhac Arabe, nommé Chadely, qui l'employa pour se guérir d'un assoupissement continuel. Vers 1412, suivant d'autres 1450, les Arabes commencèrent à faire usage du café qu'ils tirèrent de la Perse, d'où Gamal-Eddyn, muphti d'Aden, le répandit dans son pays, en habituant ses derviches à en boire pour se tenir éveillés.

De là, le café passa à la Mecque, à Constantinople, où un marchand nommé Admard, l'introduisit. Ce fut seulement en 1655 qu'il commença à être connu en France, où il fut d'abord mal accueilli, parce que les médecins le considérèrent comme un poison, ainsi que le tabac, qui y parut à la même époque. Les Hollandais sont les premiers qui l'aient tiré de Moka pour le cultiver à Batavia. Le pied du calier, qui a servi à peupler les colonies françaises fut envoyé à Louis XIV, par le bourgmestre d'Amsterdam, en 1714. Il fut apporté aux Antilles par Clieux, marin français, qui le conserva aux dépens de ses jours en l'arrosant avec la faible portion d'eau qui lui était allouée sur le navire, dont les provisions étaient épuisées (1720).

Chapeau.

Cette coiffure ne commença à être connue en France que sous le règne de Charles VI.

Son usage devint plus fréquent sous les règnes de Charles VII et de Louis XI, puis fut abandonné sous Louis XII, qui reprit le bonnet de velours. Enfin, François Ier lui donna une nouvelle vogue, qui toutefois ne devint générale que sous Henri IV.

Chaussure.

Le premier qui marcha sur une épine ou une pierre anguleuse imagina la chaussure.

Elle a eu mille formes : les peuples anciens y attachaient plus d'importance que nous, comme objet de toilette.

Chez eux, non-seulement on ornait la chaussure de broderies, de pierres précieuses, mais il était des gens qui, au dire de Pline, portaient le luxe au point de porter des semelles d'or massif.

A certaine époque, il était d'usage et de bon ton de se déchausser en se mettant à table.

Chez nous, depuis quarante ans, le luxe de la chaussure a beaucoup diminué.

Nos trente dernières années de guerres n'y ont pas peu contribué, en introduisant pour les hommes l'usage presque général des bottes.

La chaussure est un objet d'hygiène des plus importans.

Dans la saison des pluies et des froids, une chaussure qui pompe l'humidité, qui laisse pénétrer un froid trop vif, est dangereuse et entraîne souvent de graves maladies.

Chemins de fer.

C'est à l'Angleterre que l'on doit l'invention des chemins de fer.

La France s'est hâtée de s'emparer de cette découverte, et maintenant il est plusieurs points de notre territoire sur lesquels sont établis ou se préparent des chemins de fer.

Les chemins de fer sont des ornières en fonte auxquelles on donne une pente partout égale et pour lesquelles des routes aussi en fonte sont faites exprès.

Il en résulte une extrême facilité de rotation et la possibilité de faire traîner à un seul cheval ce que plusieurs pourraient à peine remuer sur une route ordinaire.

On imaginerait à peine la facilité que cette invention donne, surtout aux transports des voyageurs. De Londres à Liverpool, on compte 70 lieues. Les convois des voyageurs sont ordinairement de 130 à 150 personnes. Ces voyageurs sont répartis dans différentes voitures, chars, berlines et gondoles. La machine à vapeur est en tête du convoi. A la suite, est un fourgon chargé de charbon, d'eau, et d'ustensiles nécessaires pour la marche. Puis, viennent autant de voitures qu'il en est besoin pour contenir les voyageurs et les bagages.

Des chariots de forme spéciale sont destinés au transport des animaux. Il serait presque incroyable de dire la quantité de bestiaux amenés de cette façon d'Irlande et allant à Manchester et autres villes de l'intérieur.

Malgré la vitesse avec laquelle marchent les voitures à vapeur, il arrive peu d'accidens, et ce mode de voyager est bien plus doux et moins bruyant que celui d'une diligence ordinaire.

Un jour de courses de chevaux, à Newton, on remarqua qu'un convoi de voitures avait emmené en une seule fois quinze cents personnes.

Une extrême vigilance est apportée à tout ce qui concerne le service des chemins de fer. Des ingénieurs, des inspecteurs et des ouvriers sont constamment échelonnés sur la route pour aller au-devant de tout accident et réparer toute avarie que le service pourrait recevoir.

Espérons que la France ne restera pas en arrière, et que, dans cette voie nouvelle, elle marchera bientôt aussi vite que sa rivale.

Chemise.

Ce vêtement est moderne, mais on ignore l'époque de son invention. On n'y employa d'abord que des tissus de laine, et l'on cria contre le luxe de la reine de France, Isabeau de Bavière, parce qu'elle avait deux chemises de toile.

Chocolat.

Le chocolat est originaire du Mexique, d'où les Espagnols l'apportèrent en Europe vers l'an 1520.

Les Mexicains connaissent de temps immémorial la préparation du cacao. Les Espagnols furent tellement jaloux de la découverte de cet aliment, qu'ils en firent long-temps un secret aux autres nations. La préparation du chocolat a subi de nombreuses améliorations.

Cirage.

Ce n'est que depuis un petit nombre d'années qu'on emploie les diverses espèces de cirages dont on se sert aujourd'hui pour la chaussure. L'ancien cirage consistait en noir de fumée délayé dans des blancs d'œufs : la consommation énorme d'œufs que ce mode occasionnait fit songer à recourir à d'autres procédés. On croit que les premiers essais furent tentés en Allemagne ; mais les Anglais, qui ne considèrent aucune découverte comme inutile ou ignoble , s'en emparèrent bientôt, et en auraient peut-être fait le monopole , si sa mode ne s'en fût mêlée chez les Français, où elle inventa une foule de cirages de toute espèce.

Cloche.

Si l'on en croit quelques auteurs , nous devons aux Égyptiens l'invention des cloches : elles avaient pour but d'appeler le peuple aux sacrifices : on en trouve la trace chez presque tous les peuples anciens. Les Chinois paraissent les avoir connues à une époque très-reculée , et les attribuent à leur empereur Hoang-Ti (2600 ans avant J.-C.). On n'est point d'accord sur l'époque à laquelle leur usage fut introduit dans l'Eglise pour appeler les fidèles à la prière. Les uns en font honneur au pape Paulin, de Campanie, d'où leur viendrait le nom de CAMPANA (400) ; d'autres en font honneur au pape Sabinien, vers l'an 606.

Corde.

On ignore l'époque de l'invention des cordes, qui paraît remonter à la plus haute antiquité. Amontons paraît être le premier qui se soit occupé de la théorie de la résistance des cordes (XVIIe siècle). Plus tard, Taylor et Jean Bernouilli ont découvert les lois de leur vibration (XIIe siècle). Une machine à fabriquer les cordes fut inventée à Elseneur, en 1793, et produisit une torsion et une tension égales sur chaque brin de la corde : on la doit à M. Belfour.

En 1805, M. Curandeau découvrit un procédé propre à augmenter la durée des cordes et des toiles qui, dans la marine, sont soumises à l'action alternative de l'air et de l'eau. Ce procédé est une espèce de tonnage. Enfin, en 1818, Fandauer inventa des cordes plates, dans la fabrication desquelles les brins de chanvre ne subissent aucune torsion, ce qui leur donne une force plus grande. Leur rupture prouve que tous les fils supportent une tension égale', car elles se cassent comme si on les coupait avec des ciseaux.

Coton.

L'usage de cette bourre végétale paraît remonter à la plus haute antiquité. On croit que le coton était connu du temps de Moïse, mais on ignore à quelle époque les tissus si variés qu'on en fabrique ont été inventés.

Quelques auteurs prétendent que la culture du coton et du maïs fut introduite au Mexique par les Huns, qui auraient émigrés en cette contrée en 648.

Dentelle.

On croit que les premières dentelles furent fabriquées à Venise ou à Gênes : c'est du moins de ces deux villes qu'on les tira long-temps en France. Comme cette mode faisait sortir beaucoup d'argent du royaume, une loi somptuaire de 1629, défendit de porter des dentelles qui coûtassent plus de trois livres l'aune. Cette défense donna lieu à l'établissement en France, des manufactures d'Alençon et d'Argenton, et peu après elles se multiplièrent dans les Pays-Bas et en Angleterre. Un métier à dentelle qui en diminua beaucoup le travail et le prix, fut inventé, en 1809, par MM. Dervieu et Piand, de Saint-Etienne. En 1812, M. Penet, de Lyon, inventa aussi un métier à dentelle, fond de fil, or et argent. L'ancien métier avait été perfectionné par Jean Tremel, mécanicien allemand pensionné du gouvernement français, mort en 1803.

Drap.

La fabrication des tissus de laine ou soie remonte à la plus haute antiquité, ainsi que celle des tissus de chanvre ou de lin ; mais on ne peut assigner d'époque précise à l'invention des draps proprement dits. On sait seulement qu'ils furent d'abord très-grossiers, et que cet art resta long-temps stationnaire. La fabrication des draps fins paraît remonter au XIVe siècle ; c'est du moins en 1827 que le flamand Jean Kemp l'emporta en Angleterre. La France est redevable à MM. Raynaud et Fort d'une machine à fabriquer les draps, dont la finesse est bien supérieure à celle des draps obtenus par les anciens procédés (1797). M. Delorche, d'Amiens, est l'inventeur d'une machine destinée à tondre les draps avec beaucoup plus de précision que ne le fait la tonte à la main (1790). Une machine pour les laines est due à MM. Granger, frères, d'Annonay (1791). Enfin, M. Mons est l'inventeur d'un procédé pour les rendre imperméables (1802). M. Ternaux a le premier fabriqué, en France, des draps avec la pinne-marine, et avec la laine de cachemire.

Éclairage.

Les procédés de l'éclairage, si multiplié de nos jours, ont été réduits, pendant long-temps à un bien petit nombre. On n'employa d'abord que des morceaux de bois résineux, auxquels les Égyptiens substituèrent les lampes. On voit dans la Bible qu'elles existaient déjà du temps de Moïse. Elles ne furent connues que fort tard en Italie. On les fabriqua d'abord en terre cuite, le bronze n'y fut employé que long-temps après. Nous n'entreprendrons point ici de faire l'histoire de l'éclairage : les documens anciens sont trop peu nombreux; quant aux inventions nouvelles, nous indiquerons, comme les principales, celles de MM. Lebon, Algrand, Bordier-Morcet, inventeurs d'un grand nombre de procédés d'éclairage au moyen de miroirs paraboliques, etc., etc.

Epingles.

Les premières épingles furent fabriquées en Angleterre, en 1543, d'autres disent en 1570 : une autre version les fait inventer en France, en 1540. Avant cette époque, les femmes se servaient de brochettes de bois pour attacher

les diverses parties de leur parure. Les épingles à tête de métal fondu furent inventées
en 1803.

Étoffe.

C'est encore aux Egyptiens qu'on doit faire
remonter l'origine de l'art de tisser les étoffes. Cécrops l'importa dans la Grèce. Les Athé-
niens excellaient dans ce travail, ainsi que
les Babyloniens dans l'art de les broder ;
celui de les fouler fut inventé par Nicias de
Mégare, et ne fut répandu en Europe que
vers la guerre de Troie. On a peu de données sur les perfectionnemens apportés à la
fabrication des étoffes jusqu'à nos jours.

Nous indiquerons seulement le métier
inventé par M. Jacquard, de Lyon, et destiné
à fabriquer, sans le secours de la tire, toute
espèce d'étoffe brochée et façonnée (1805).
M. Couturier, de la même ville, est l'inventeur d'un procédé pour fabriquer à la fois
plusieurs pièces d'étoffe sur un même métier,
et par un seul ouvrier (1806).

Fayence.

Ce nom vient de la ville de Faënza, dans
la Romagne, où l'on croit communément que
cette poterie fut inventée, mais elle ne fut
que renouvelée, car elle était connue des

Egyptiens. La première manufacture de fayence établie en France fut fondée à Nevers, par un Italien. L'art de l'émailler fut inventé au seizième siècle, par Bernard Palessy. L'impression sur fayence ne date que de 1806; elle fut inventée par M. Morinson, qui ne put produire qu'une espèce d'herborisation; mais, en 1809, M. Puibusque inventa un procédé pour donner aux impressions sur la fayence, des sujets gravés en taille-douce, tout l'éclat et la solidité convenables.

Lithographie.

La lithographie est un art destiné à multiplier les dessins. Elle consiste à dessiner son sujet sur une pierre, avec des crayons composés de substances grasses et de noir; on jette ensuite sur la pierre un acide qui en y pénétrant, incorpore les traits du dessin. Lorsqu'on veut l'imprimer, on encre la pierre avec un rouleau en bois recouvert de cuir sur lequel l'encre est étendue également; le dessin seul retient l'encre, on étend dessus une feuille de papier humide, et on obtient l'épreuve avec la presse lithographique, qui diffère de la presse typographique, et de celle en taille-douce, en ce que le frottement s'y combine avec la pression.

Moulins.

Les moulins sont un objet d'une si haute utilité, qu'on a cherché de tout temps et dans tous les pays à les perfectionner.

En Angleterre surtout, on a fait de nombreux essais pour donner à ces machines le degré de perfection le plus étendu possible.

Aussi les moulins anglais sont-ils réputés pour être de beaucoup supérieurs aux nôtres. Ils doivent cette supériorité à la vitesse, à la forme et à la dimension des meules, à l'heureuse combinaison et à la parfaite exécution de toutes les pièces qui composent leur mécanisme.

Le gouvernement français, saisissant toutes les occasions de présenter à nos constructeurs des modèles perfectionnés et sanctionnés par une longue expérience, en a permis l'entrée en franchise de droits.

Il en a été établi au mont Saint-Martin, près St.-Quentin, pour M. Cougouil, par M. Maudlay, de Londres, qui peuvent être considérés comme d'excellens modèles.

Ces moulins sont mus par une machine à vapeur du système de Watt et de la force de seize chevaux.

14..

Il faut cependant dire que nos mécaniciens ne sont pas restés en arrière, et ont lutté tout nouvellement, avec succès, contre les moulins d'origine anglaise.

On peut voir à Saint-Denis, chez M. Benoît, des machines établies par MM. Aitrin et Steel, et appelées *nouveaux moulins français*, avec lesquels on peut faire à volonté la *mouture directe*, dite à la grosse ou rustique, comme avec le moulin anglais, et la *mouture économique*.

Les moulins ont trois moteurs : l'eau, la vapeur et le vent.

Ils servent, non-seulement à réduire le blé en farine, mais en outre, avec les formes analogues, ils broient les pommes pour la fabrication du cidre, les graines oléagineuses pour celle de l'huile ; ils servent pareillement à la préparation du tabac, et à une infinité de préparations de première nécessité.

Mousseline.

Ce tissu tire son nom de la ville de Mossoul, en Asie. Les premières mousselines furent introduites en Angleterre en 1770. La première manufacture de ce genre fut établie en France en 1781. Mais ce n'est guère que

depuis 20 ans que la fabrication des mousselines et des percales fines et des calicots a
commencé à être établie en France avec une
certaine étendue. St.-Quentin et Tarrare sont
les premières villes qui aient donné l'impul-
sion.

Orgue.

L'orgue est le plus grand et le plus compliqué de tous les instrumens de musique à
vent, et les réunit à lui seul au moyen du
clavier, des soufflets et du grand nombre des
tuyaux dont il est composé. Quelques auteurs
en attribuent, sans preuve, l'invention au roi
David. Elle appartient, suivant les Chinois, à
leur empereur Hoang-Ti (2601 ans avant J.-C).
Le premier orgue connu en France fut envoyé, en 757, par Constantin-Copronime, à
Pepin, qui le plaça dans l'Église de Saint-
Corneille à Compiègne. L'usage n'en est devenu général dans les églises qu'au treizième
siècle.

Pain.

Les premiers hommes ont dû manger les
céréales en nature. Plus tard, ils les firent
griller et bouillir. Les Grecs et les Romains
n'ont eu long-temps d'autre méthode. On fit

ensuite cuire cette pàte en gallette très-mince;
mais ces procédés étaient très-imparfaits. La
réduction des graines en farine, au moyen
de la meule, et plus tard des moulins et des
fours, améliora la nourriture des hommes, et
donna naissance à l'invention du pain, que
les Arcadiens attribuaient à Arcas, fils de
Jupiter (1760 ans avant J.-C.), et les Grecs
à Triptolème (1423 ans avant J.-C.) ou Pan.
On ignore l'époque à laquelle on employa le
levain à la fabrication du pain. Tout fait pré-
sumer que cette découverte fut due au hasard, et surtout à l'économie, qui aura forcé
quelqu'un à employer la pâte aigre qui était
restée d'une précédente fabrication.

Papier.

Les Egyptiens, et après eux tous les peuples de l'antiquité, se servirent long-temps,
pour écrire, d'une espèce de plante appelée
papyrus. Les Chinois paraissent les premiers
qui aient fait usage du papier fabriqué avec
de la soie. Les uns en fixent l'époque à l'an
200 avans J.-C.; d'autres 60 ans plus tard.
Ce fut seulement en 750 qu'on commença à
faire usage, en Orient, d'un papier de coton
broyé et réduit en bouillie. On l'appelait
papier bonbycien. Quant au papier de chif-

fons, quelques-uns en attribuent l'invention à des Grecs réfugiés à Bâle, en 1170.

Suivant d'autres, elle serait d'origine arabe. Enfin une troisième version en fait honneur à un padouan nommé Pax (1301). En 1786, Levrier de l'Ile parvint à fabriquer du papier avec diverses espèces de végétaux. La première machine à fabriquer du papier d'une longueur indéfinie fut inventée en 1799, par Denis Robert d'Essone. Des procédés ayant le même but, furent inventés en 1815, par MM. Berthe et Grevenich, Gorlier et Darieux. M. Didot Saint-Léger réclame l'honneur de cette invention. Mme Manson a découvert en 1794 le moyen de faire de nouveau papier très-blanc avec du papier manuscrit ou imprimé. Enfin M. Leistenschneider est l'inventeur d'une autre machine qui, travaillant seule, fournit une grande quantité de feuilles de papier, sans le secours d'aucun ouvrier (1813).

L'industrie humaine a imaginé une foule d'espèces de papiers, dont nous allons citer lss principales.

Papier de filasse. Ce papier, confectionné avec la filasse extraite de la paille de fèves, fut inventé en 1813.

Papier imperméable. Cette invention, qui rend le papier impénétrable à l'eau, est due à M. Mons (1802).

Papier maroquiné. On doit à MM. Rœderer et Boehm, de Strasbourg, l'invention de cette espèce de papier (1806).

Papier de paille. En 1800, le marquis de Salisbury inventa une sorte de papier fabriqué avec de la paille : une invention semblable est due à M. Seguin (1801); mais toutes deux sont renouvelées des Chinois.

Papier Syrien. Tel est le nom donné par l'inventeur, M. Pouder, à un papier propre à recevoir la peinture à l'huile (1809).

Papier de tenture. Ce papier nous vient de la Chine et du Japon : il fut introduit en Europe par les Hollandais et les Espagnols, en 1555.

Papier velin. Ce papier fut inventé en 1760 par Ambroise Didot, chef de la célèbre maison d'imprimeurs de ce nom.

Papier velouté. Cette invention est due à un rouennais, nommé François (1620).

FIN.

TABLE

DES MATIÈRES CONTENUES DANS CE VOLUME.

FIN DE LA TABLE.

LIMOGES ET ISLE,

IMPRIMERIE DE MARTIAL ARDANT FRÈRES.